TERMODINÂMICA

TERMODINÂMICA

GILBERTO IENO
LUIZ NEGRO

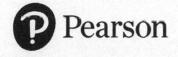

©2004 by Gilberto Ieno e Luiz Negro

Todos os direitos reservados. Nenhuma parte desta publicação poderá ser reproduzida ou transmitida de qualquer
modo ou por qualquer outro meio, eletrônico ou mecânico, incluindo fotocópia, gravação ou qualquer outro tipo de sistema
de armazenamento e transmissão de informação, sem prévia autorização, por escrito,
da Pearson Education do Brasil.

EDITOR Roger Trimer
EDITORA DE TEXTO Patrícia Carla Rodrigues
REVISÃO Regina Barbosa
CAPA Marcelo da Silva Françozo
COMPOSIÇÃO EDITORIAL ERJ Composição Editorial e Artes Gráficas Ltda.

Dados Internacionais de Catalogação na Publicação (CIP)
(Câmara Brasileira do Livro, SP, Brasil)

Ieno, Gilberto
Termodinâmica / Gilberto Ieno, Luiz Negro. –
São Paulo : Pearson Prentice Hall, 2004.

ISBN: 978-85-87918-75-8

1. Termodinâmica I. Negro, Luiz. II. Título.

03-1009 CDD-536.7

Índice para catálogo sistemático:
1. Termodinâmica : Física 536.7

Direitos exclusivos cedidos à
Pearson Education do Brasil Ltda.,
uma empresa do grupo Pearson Education
Avenida Santa Marina, 1193
CEP 05036-001 - São Paulo - SP - Brasil
Fone: 19 3743-2155
pearsonuniversidades@pearson.com

Distribuição
Grupo A Educação
www.grupoa.com.br
Fone: 0800 703 3444

Às nossas famílias

SUMÁRIO

Prefácio XI

Introdução XIII

    Gerador de Vapor XIII

    Turbina a Vapor.. XIV

    Condensador de Vapor XVI

    Ciclo Motor a Vapor... XVII

Capítulo 1 Conceitos Fundamentais 1

    1.1   Sistema Termodinâmico 1

        1.1.1 Sistema Aberto 1

        1.1.2 Sistema Fechado.. 2

        1.1.3 Sistema Isolado 2

    1.2   Estado.. 2

    1.3   Processo 4

Capítulo 2 Propriedades Termodinâmicas......................... 7

    2.1   Título de Vapor (x)... 7

    2.2   Volume Específico 8

    2.3   Entropia.. 10

        2.3.1 Definição de Entropia 11

        2.3.2 Escala de Entropia... 11

        2.3.3 Significado da Variação da Entropia................................ 12

        2.3.4 Entropia como Propriedade de Estado 14

    2.4   Energia Interna... 15

        2.4.1 Escala de Energia Interna.. 15

    2.5   Entalpia 16

Capítulo 3 Ábacos de Termodinâmica............................... 19

    3.1   Substância Pura.. 19

    3.2   Diagrama Temperatura–Entropia.. 19

        3.2.1 Processo a Pressão Constante... 19

        3.2.2 Curvas de Título Constante.. 21

        3.2.3 Processo a Volume Específico Constante 21

        3.2.4 Processo de Entalpia Constante.. 23

    3.3   Diagrama de Mollier.. 24

VIII   Termodinâmica

Capítulo 4 Tabelas de Vapor 25

4.1 Propriedades Dependentes e Independentes 25
4.2 Tabela de Vapor e Líquido Saturados 26
4.3 Tabela de Vapor Superaquecido 28
4.4 Exercícios Resolvidos 44
4.5 Exercícios Propostos 53

Capítulo 5 Calor e Trabalho 57

5.1 Calor 57
5.2 Unidades de Calor 57
5.3 Trabalho 57
5.4 Trabalho na Expansão de um Gás 58
5.5 Regime Permanente 60
5.6 Exercícios Resolvidos 61
5.7 Exercícios Propostos 65

Capítulo 6 1° Princípio da Termodinâmica 67

6.1 Conservação da Energia 67
6.2 Calor 68
6.3 Trabalho 69
     6.3.1 Trabalho Devido ao Movimento da Fronteira 70
     6.3.2 Trabalho Produzido pela Força de Pressão 70
     6.3.3 Trabalho de um Eixo 70
6.4 Energia do Fluido Que Atravessa a Fronteira 70
     6.4.1 Energia Cinética 71
     6.4.2 Energia Potencial de Posição 71
6.5 Equação Geral da Termodinâmica 72
     6.5.1 Sistema Fechado 73
            6.5.1.1 Transformação Acíclica 73
            6.5.1.2 Transformação Cíclica 73
     6.5.2 Aplicações do 1° Princípio 74
            6.5.2.1 Sistema Aberto em Regime Permanente 74
6.6 Exercícios Resolvidos 74
6.7 Exercícios Propostos 99

Capítulo 7 2° Princípio da Termodinâmica 103

7.1 Enunciado de Planck-Kelvin 103
7.2 Enunciado de Clausius 105
7.3 Equivalência Entre os Enunciados 108
7.4 Ciclo de Carnot 109
7.5 Temperatura Termodinâmica Absoluta 109
7.6 Determinação do Zero Absoluto 110

7.7   Desigualdade de Clausius 111
7.8   Entropia como Propriedade de Estado 113
7.9   Variação de Entropia em um Processo Irreversível 115
7.10 Exercícios Resolvidos 117
7.11 Exercícios Propostos 130

Capítulo 8 Ciclo de Rankine 135

8.1   Ciclo Ideal de Rankine 135
8.2   Rendimento do Ciclo de Rankine 136
8.3   Fatores que Influem no Rendimento de um Ciclo de Rankine 137
     8.3.1 Utilização de Vapor Superaquecido 137
     8.3.2 Elevação da Pressão do Vapor 138
     8.3.3 Reaquecimento do Vapor 139
     8.3.4 Preaquecimento de Água 140
     8.3.5 Redução da Temperatura de Condensação 142
8.4   Exercícios Resolvidos 143
8.5   Exercícios Propostos 161

Capítulo 9 Gás Perfeito 165

9.1   Equação de Estado 165
9.2   Propriedades Termodinâmicas 169
     9.2.1 Calor Específico 169
     9.2.2 Relação entre c_p e c_v 172
     9.2.3 Entropia 173
9.3   Comportamento do Vapor de Água como Gás Perfeito 177
     9.3.1 Experiência de Joule 177
9.4   Processo Isoentrópico 181
     9.4.1 Potência 182
9.5   Casos Particulares da Equação de Estado 183
     9.5.1 Processo Isotérmico ($n = 1$) 183
     9.5.2 Processo Isoentrópico 184
9.6   Exercícios Resolvidos 189

Capítulo 10 Psicometria 197

10.1 Pressão Parcial 197
10.2 Temperatura de Orvalho 200
10.3 Umidade Relativa do Ar 201
10.4 Umidade Absoluta do Ar 203
10.5 Temperatura de Saturação Adiabática 205
10.6 Entalpia do Ar Atmosférico 205
     10.6.1 Entalpia na Saturação Adiabática 207
10.7 Temperatura de Bulbo Úmido 208

X Termodinâmica

10.8	Diagrama Psicrométrico	209
	10.8.1 Temperatura de Orvalho	211
	10.8.2 Temperatura de Bulbo Úmido	212
	10.8.3 Determinação da Umidade Relativa do Ar	213
	10.8.4 Umidade Absoluta	213
10.9	Exercícios Resolvidos	214
10.10	Exercícios Propostos	226

PREFÁCIO

No mundo moderno industrializado, a energia vem, cada vez mais, ocupando lugar de destaque na rotina do homem, tornando-se imprescindível para a vida no planeta. A energia participa de fenômenos que vão do movimento de um interruptor para acender uma lâmpada até o acionamento das turbinas de um avião para levar ao ar centenas de toneladas.

A partir de sua forma primitiva, tal como o sol, o petróleo, o gás natural ou as águas de uma represa, a energia passa por transformações até assumir uma forma utilizável pelo homem, como a eletricidade, o calor ou o trabalho mecânico.

As transformações energéticas não são feitas de maneira aleatória. Elas seguem leis naturais que são formuladas pela termodinâmica. A primeira lei estabelece um balanço energético segundo o qual a energia não se cria nem se extingue: ela se transforma, mantendo a quantidade original. A segunda lei estabelece a quantidade de energia primitiva que pode ser transformada em trabalho mecânico, dando origem ao conceito de rendimento energético.

Este livro se preocupa em apresentar de maneira simples, objetiva e prática os conceitos necessários para o bom entendimento da termodinâmica, sem, entretanto, deixar de lado a precisão que a matéria exige.

Os autores optaram pelo sistema métrico tradicional, que utiliza a 'caloria' como unidade de medida de calor, porque ela já faz parte da linguagem de todas as pessoas. Como a termodinâmica estuda, entre outras coisas, a transformação de calor em trabalho, a 'caloria' está presente em quase todas as páginas deste livro.

O livro é o resultado de dezenas de anos de profissão dos autores na área de engenharia térmica e no ensino da termodinâmica em várias escolas do Estado de São Paulo, nas quais sempre houve a preocupação de motivar o estudante, apresentando a matéria com uma linguagem simples e acessível.

INTRODUÇÃO

Ao se iniciar o estudo da termodinâmica é importante que se conheçam algumas de suas aplicações, tais como em um gerador de vapor, uma turbina, um condensador e outros componentes dos ciclos das máquinas térmicas. No desenvolvimento dos conceitos termodinâmicos, esses equipamentos poderão servir de exemplo, sendo, portanto, necessário o conhecimento do princípio de funcionamento de cada um.

Gerador de Vapor

Uma caldeira, também denominada gerador de vapor, é um equipamento térmico que tem a finalidade de transformar a água em vapor, utilizando o calor obtido da queima de um combustível.

A caldeira é constituída basicamente por dois tubulões horizontais, interligados por tubos verticais formando duas paredes, de acordo com a Figura I.1.

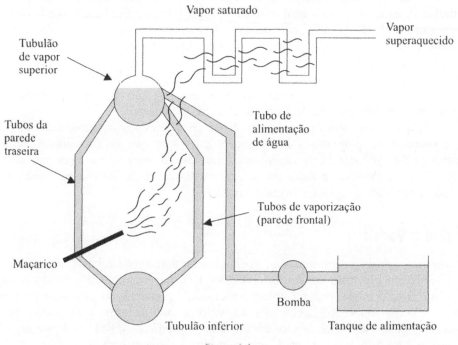

Figura I.1

XIV   Termodinâmica

As principais partes de uma caldeira são:

1. tubulação de vapor;
2. tubos de alimentação da fornalha;
3. tubulão de água;
4. tubos de vaporização de água;
5. tubos do superaquecedor de vapor;
6. maçaricos;
7. fornalha.

A água entra na caldeira pelo tubulão superior e penetra nos tubos verticais indo alimentar o tubulão inferior. Essa água provém de um tanque de alimentação, sendo retirada dele por meio de uma bomba, cuja finalidade é elevar a pressão da água até o ponto de funcionamento da caldeira. O nível de água do tubulão superior deve permanecer inalterado para permitir a entrada da água nos tubos verticais, localizados na parede traseira. Através desses tubos ela vai atingir o tubulão inferior. Acendendo-se os maçaricos, o calor resultante da queima do combustível atravessa a parede dos tubos frontais e é transmitido à água, provocando a sua vaporização. A parede de tubos situada atrás dos maçaricos não recebe calor por ser revestida com um material isolante.

Nos tubos de vaporização, a mistura líquido-vapor será mais leve do que nos tubos da parede traseira, que somente contêm líquido no estado saturado. Essa diferença de densidade provoca o movimento da água, que desce pelos tubos traseiros, entra no tubulão inferior e sobe através dos tubos frontais, também denominados tubos de vaporização.

Os tubos de vaporização contêm uma mistura de líquido e de vapor de água que chega ao tubulão superior, dentro do qual o vapor se separa do líquido. Esse vapor pode passar ainda por um conjunto de tubos, nos quais recebe mais calor, o que eleva ainda mais a sua temperatura. Observa-se então que há dois estados diferentes de vapor: aquele que está no tubulão superior e aquele que sai da caldeira a uma temperatura mais elevada. Considerando-se desprezível a perda de carga que ocorre dentro da caldeira e a diferença de coluna de água entre os seus diversos pontos, pode-se admitir que o vapor produzido tem praticamente a mesma pressão da água que alimenta a caldeira.

O vapor que se encontra dentro do tubulão superior denomina-se vapor saturado (vapor que se encontra na temperatura de saturação) e o vapor que sai da caldeira, acima da temperatura de saturação, é o vapor superaquecido. A pressão da água que entra na caldeira é igual à pressão do vapor que sai. A transformação do líquido em vapor é feita à custa do calor obtido da queima de um combustível.

Turbina a Vapor

Admitindo-se que o vapor produzido pela caldeira passe por um bocal de expansão que tem a forma de um tubo convergente (Figura I.2), haverá, portanto, elevação na sua velocidade. Desse modo, o aumento de velocidade é compensado com uma redução de pressão e, conseqüentemente, com um aumento no seu volume. Esse vapor, em alta velocidade, pode ser direcionado contra uma superfície sólida e provocar o seu movimento. Este princípio é utilizado para movimentar uma turbina.

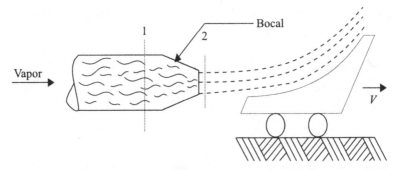

Figura I.2

Na entrada e na saída do bocal, seções (1) e (2) respectivamente, resulta:

$$p_1 > p_2 \text{ (pressão)}$$
$$\overline{V}_2 > \overline{V}_1 \text{ (velocidade)}$$
$$V_2 > V_1 \text{ (volume)}$$

Os bocais constituem a parte fixa de uma turbina e as palhetas (superfícies onde o vapor incide), a parte móvel. Os bocais podem ser colocados paralelamente, formando um disco preso na carcaça da turbina. As palhetas são também agrupadas, formando um disco que se prende ao eixo, no trajeto do vapor que sai dos bocais. Cada conjunto formado por um agrupamento de bocais de palhetas denomina-se estágio da turbina. A Figura I.3 mostra uma turbina contendo três estágios. Observa-se que o diâmetro da turbina aumenta no sentido do movimento do vapor, porque, com a redução da pressão, eleva-se o seu volume.

Entende-se, portanto, uma turbina como uma máquina que transforma a energia do vapor em trabalho mecânico, sendo este transferido para fora através do seu eixo. A pressão do vapor diminui no sentido do seu movimento e o seu volume aumenta nesse mesmo sentido.

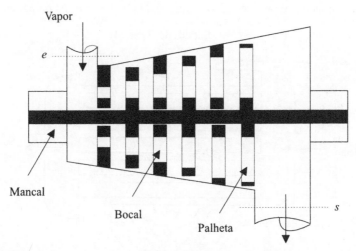

Figura I.3

Nas seções de entrada e saída da turbina tem-se, respectivamente, as seguintes propriedades:

Pressão: $p_e > p_s$
Temperatura: $t_e > t_s$
Volume: $V_e < V_s$

Condensador de Vapor

O vapor que sai de uma turbina pode ser descarregado na atmosfera ou pode ser novamente aproveitado por meio de uma condensação e posterior bombeamento para a caldeira.

Um condensador é um equipamento cuja finalidade é transformar vapor em líquido por meio da retirada de calor. Através dele, ocorre a transferência de calor no sentido inverso ao de uma caldeira. Nesta, a água no estado líquido recebe calor e se transforma em vapor saturado ou superaquecido. No condensador, o vapor é que se transforma em líquido, por meio da perda de calor para um fluido externo. Ambos recebem genericamente o nome de trocadores de calor. Na caldeira, o calor caminha de fora para dentro e a fonte de calor deve ter uma temperatura maior do que a da água. No condensador, o calor caminha de dentro para fora.

A Figura I.4 representa um condensador de vapor constituído por um conjunto de tubos, presos em chapas denominadas espelhos, que servem também para separar o vapor da água de resfriamento do condensador.

Os tubos são percorridos externamente por vapor e internamente por água no estado líquido. Sendo essa água proveniente do ambiente em baixa temperatura, haverá a passagem de calor do vapor para a água, em virtude da diferença de temperaturas. Conseqüentemente, o vapor começará a se condensar. Um fenômeno idêntico ocorre em uma panela de pressão fechada, quando é retirada do fogo e colocada embaixo de uma torneira. Com a retirada do calor, o vapor se condensa, provocando a redução da pressão interna da panela.

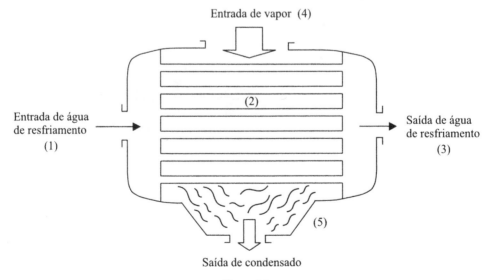

Figura I.4

Nas grandes centrais termoelétricas, o consumo de água nos condensadores é muito elevado. Essas instalações estão localizados sempre na proximidade de um rio, de um lago ou do mar, de onde provém a água de resfriamento dos condensadores. A água entra pela seção (1) do condensador, passa pelos tubos (2), através dos quais ela retira o calor do vapor e, em seguida, é descarregada pela seção (3). A temperatura dessa água é maior na saída, t_3, do que na entrada, t_1. O vapor entra no condensador através da seção (4), passa pela superfície externa dos tubos e se condensa, acumulando-se no tanque do condensador (5), instalado na sua parte inferior. Desse tanque, o condensado é retirado por meio de uma bomba e pode ser transportado de novo para a caldeira.

Apesar da condensação, a pressão permanece a mesma em todos os pontos do condensador porque ele é aberto, isto é, à medida que entra o vapor, o condensado é retirado, não permitindo acúmulo de massa dentro dele. No exemplo da panela de pressão colocada embaixo da torneira, a pressão diminui porque ela é fechada. Reduzindo-se o volume, devido à condensação, a pressão também diminui porque não há uma entrada constante de vapor.

Pode-se, portanto, admitir que o condensador é um equipamento térmico cuja finalidade é transformar vapor em líquido, retirando o calor por meio de um outro fluido. Na fase de condensação, a pressão é a mesma em todos os pontos do condensador e a temperatura pode também ser a mesma, dependendo do estado do vapor na entrada do condensador ou do líquido na saída. Portanto resulta:

Pressão: $\qquad$ $p_4 = p_5$

Temperatura: $\qquad$ $t_4 \geq t_5$

Volume: $\qquad$ $V_4 > V_5$

Ciclo Motor a Vapor

Consideremos o conjunto formado por uma caldeira, uma turbina, um condensador e uma bomba, ligados em série, constituindo um ciclo termodinâmico fechado, onde é obtido calor pela queima do combustível (Figura I.5). Esse calor é representado por Q_C e por uma seta que indica que ele provém de uma fonte externa (óleo combustível, gás natural, biomassa etc.).

O trabalho produzido pela turbina é representado por W_T e por uma seta indicando que ele é utilizado fora dela. O calor trocado no condensador é aquele que se transfere para a água de resfriamento e está representado por Q_{CD}. O trabalho utilizado para movimentar a bomba está representado por W_B. As setas fornecem uma indicação do sentido do movimento da energia.

Pode-se afirmar que a massa de água que passa pela caldeira recebe a quantidade de calor Q_C. Ao passar pela turbina, essa massa transfere para fora um trabalho W_T. Quando passa pelo condensador, a massa de água libera uma quantidade Q_{CD} de calor. Finalmente, passando pela bomba, a massa de água recebe a quantidade W_B de trabalho.

Convém ainda observar que nas condições ideais, isto é, sem considerar o atrito e as variações de pressão provocados pelas diferenças de altura entre as partes, o ciclo tem somente duas pressões: $p_4 = p_1$ e $p_3 = p_2$. Resulta, portanto, $p_2 < p_1$, devido à redução de pressão provocada pela turbina, e $p_4 > p_3$, devido ao aumento de pressão provocado pela bomba.

Observa-se nesse ciclo que as variações de pressão ocorrem somente na turbina e na bomba. Na caldeira e no condensador a pressão se mantém inalterada.

XVIII Termodinâmica

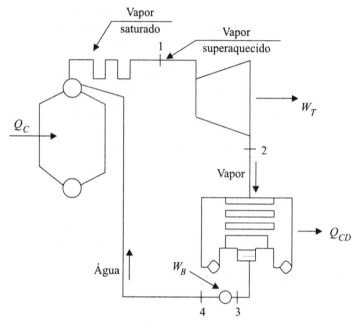

Figura I.5

CAPÍTULO 1 — CONCEITOS FUNDAMENTAIS

1.1 Sistema Termodinâmico

Uma região limitada por uma superfície real ou imaginária, fixa ou móvel, através da qual passa energia trocada com o meio ambiente, denomina-se sistema termodinâmico. A energia pode se apresentar na forma de calor, trabalho ou acompanhando um fluido que entra ou sai do sistema. A superfície que envolve o sistema chama-se fronteira e a região externa ao sistema, podendo exercer influência sobre ele, denomina-se meio. Os sistemas termodinâmicos classificam-se em abertos, fechados ou isolados.

1.1.1 Sistema Aberto

Um sistema que permite a passagem de massa através de sua fronteira, podendo ainda transferir energia na forma de calor ou trabalho, denomina-se sistema aberto. Para permitir a passagem de massa, a fronteira deve ser parcialmente constituída por uma superfície virtual, conforme a Figura 1.1.

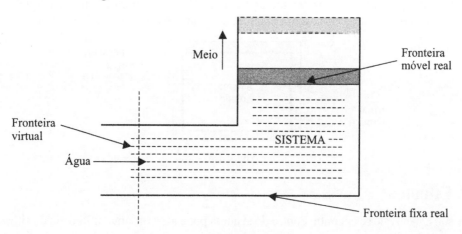

Figura 1.1

No exemplo da Figura 1.1 o sistema é aberto, pois tem uma fronteira imaginária pela qual entra a água. A entrada desse fluido provoca o movimento do pistão, que é uma parte da fronteira real desse sistema. O deslocamento do pistão indica que o sistema realiza um trabalho.

1.1.2 Sistema Fechado

Um sistema constituído por uma fronteira que não permite passagem de massa é um sistema fechado. Neste caso, o sistema é envolvido por uma fronteira real, podendo ser fixa ou móvel, através da qual pode haver transferência de calor e trabalho. Uma panela de pressão é um exemplo de sistema fechado sem o envolvimento de trabalho. Se a fronteira é móvel, o sistema troca trabalho com o meio pelo movimento do êmbolo, conforme mostra a Figura 1.2.

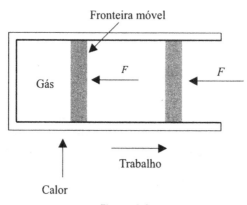

Figura 1.2

1.1.3 Sistema Isolado

Quando a fronteira do sistema não permite a passagem de massa, calor e trabalho, o sistema é isolado. Neste caso, a sua fronteira deve ser fixa, para não permitir que o sistema realize algum trabalho, e deve ser real, para impedir a passagem de massa (Figura 1.3). Uma garrafa térmica fechada é, teoricamente, um bom exemplo de sistema isolado.

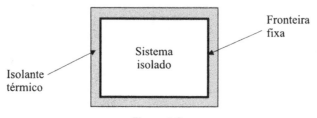

Figura 1.3

1.2 Estado

A substância que se encontra dentro do sistema pode assumir uma infinidade de situações de equilíbrio, de acordo com os valores das suas propriedades. Cada uma dessas situações constitui um estado da substância. O ar de uma sala pode assumir situações diferentes, de acordo com a temperatura e a pressão a que ele está sujeito em cada instante. Se o ar de um ambiente, sujeito à pressão de 1 atmosfera, se encontra à temperatura de 20°C, o seu estado fica definido pela pressão e pela temperatura. Havendo um aquecimento desse ar até 30°C, o seu estado sofre uma variação, apesar de não se registrar a variação da pressão. Neste caso, essas duas propriedades são independentes. Define-se propriedades independentes quando a variação de uma delas não implica necessariamente a variação da outra. O ar atmosférico pode estar sujeito a qualquer combinação entre pressão e temperatura.

Quando duas propriedades não podem assumir valores arbitrários, são denominadas propriedades dependentes. Sabe-se, por exemplo, que a água sujeita à pressão de 1 atmosfera entra em ebulição a 100°C. Se a pressão é elevada para 10 atmosferas, a temperatura de ebulição passa para 179°C. Observa-se então que não é possível adotar valores arbitrários para a temperatura de ebulição da água, pois esta depende da pressão a que está submetida. Conclui-se que a pressão e a temperatura são propriedades dependentes na fase de vaporização da água.

O estado de uma substância é determinado quando são conhecidas duas de suas propriedades independentes. Como exemplo, imaginemos um tanque contendo 2 kg de líquido com 0,5 kg de vapor de água na fase de ebulição. Sendo a pressão de 1 atmosfera e a temperatura de 100°C, não se pode dizer que estas duas propriedades permitam que se identifique o estado da água. A definição de estado é feita pela temperatura ou pela pressão, cada uma associada com uma outra propriedade que indica qual a porcentagem de vapor que existe em relação à massa total. No exemplo citado a porcentagem de vapor é:

$$x = \frac{m_v}{m_v + m_L} \times 100$$

$$x = \frac{0,5}{0,5 + 2,0} \times 100 = 20\%$$

A Figura 1.4 representa dois estados diferentes da água: um deles com 20% de vapor e o outro com 40%, ambos sujeitos à mesma pressão. Percebe-se claramente que a pressão e a porcentagem de vapor são propriedades independentes e que ambas podem definir todas as situações, desde o início até o final da vaporização.

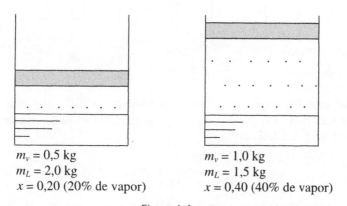

$m_v = 0,5$ kg $\qquad m_v = 1,0$ kg
$m_L = 2,0$ kg $\qquad m_L = 1,5$ kg
$x = 0,20$ (20% de vapor) $\qquad x = 0,40$ (40% de vapor)

Figura 1.4

1.3 Processo

Processo é uma sucessão de estados intermediários de equilíbrio de uma transformação. Um gás encontra-se no estado (1), definido pelas propriedades pressão e temperatura (p_1, t_1), representadas no gráfico da Figura 1.5. A passagem para o estado (2), definido por p_2 e t_2, pode ser feita por vários caminhos, representados no gráfico por A, B e C. Cada um desses caminhos constitui um processo, pois são formados por uma sucessão de estados de equilíbrio.

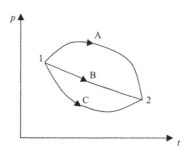

Figura 1.5

Um pistão que se movimenta dentro de um cilindro pode permitir que a pressão do gás se mantenha constante, à medida que aumenta o seu volume, devido à entrada de calor (transformação (1 → 2A)).

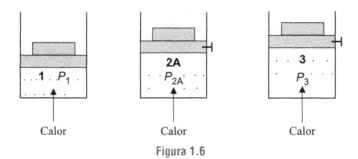

Figura 1.6

Nessa transformação, o gás, ao se dilatar, movimenta o pistão elevando a carga que se encontra sobre ele. Sendo G o peso do pistão e da carga e sendo A a área do pistão, a pressão absoluta do gás é definida por:

$$p = \frac{G}{A} + p_{atm}$$

Admitindo-se que todas essas grandezas permaneçam constantes, a pressão do gás na transformação (1 → 2A) também é constante, constituindo um processo de pressão constante. Havendo continuidade na adição de calor e mantendo-se o pistão travado, a pressão aumenta e o volume permanece constante. Resulta, portanto, um processo de aquecimento com aumento de pressão e mesmo volume. A Figura 1.6 representa a

transformação (1 → 2A → 3) do gás por meio de dois processos: o primeiro à pressão constante (1 → 2A) e o segundo ao volume constante (2A → 3).
Portanto, $p_1 = p_{2A} < p_3$ e $V_1 < V_{2A} = V_3$.

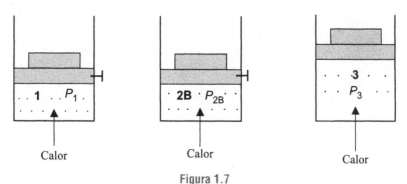

Figura 1.7

A mesma transformação (1 → 3) pode ser realizada por outro caminho, que consiste primeiramente no processo (1 → 2B), de volume constante, seguido do processo (2B → 3), de pressão constante, conforme apresentado na Figura 1.7. Portanto, a transformação (1 → 3) pode ocorrer por dois ou mais caminhos diferentes, sendo cada caminho constituído por um ou mais processos.

Na Figura 1.8, a transformação (1 → 3) é realizada por meio do processo (1 → 2A → 3) ou do processo (1 → 2B → 3) ou ainda de um outro processo qualquer, denominado aqui de processo C.

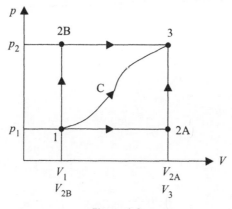

Figura 1.8

CAPÍTULO 2
PROPRIEDADES TERMODINÂMICAS

As propriedades termodinâmicas constituem as ferramentas utilizadas no desenvolvimento e na solução dos problemas que serão apresentados neste trabalho. O conceito de temperatura é admitido como conhecido, por fazer parte da rotina diária das pessoas. A pressão, representada pela relação entre a força e a área da superfície sobre a qual ela atua, pode ser medida nas escalas absoluta ou relativa, dependendo do fato de se levar em conta ou não o efeito da pressão atmosférica.

2.1 Título de Vapor (x)

Para a definição de título, a Figura 2.1 mostra um cilindro contendo um pistão, o qual se movimenta devido à entrada do calor, mantendo, dessa maneira, a pressão interna constante. Dentro do cilindro encontra-se água, que pode assumir cinco situações diferentes. O estado (3) representa a água em ebulição, sendo m_V a massa de vapor e m_L a massa de líquido, de maneira que a soma das duas massas representa a massa total de água.

$$m = m_V + m_L \tag{2.1}$$

A relação entre a massa do vapor e a massa total do conjunto denomina-se título. O conjunto formado por essas duas fases convivendo em equilíbrio é conhecido como mistura ou vapor saturado úmido (M), embora as duas fases estejam fisicamente separadas.

$$x = \frac{m_V}{m_V + m_L} \tag{2.2}$$

O estado (2) representa o instante em que a água atinge a temperatura de vaporização. Nessa situação, a água se encontra saturada de energia e não consegue sobreviver no estado líquido, sendo, portanto, definida como no estado líquido saturado (LS). A massa de vapor ainda é zero e o título se encontra no limite inferior ($x = 0$). Quando o líquido já se transformou totalmente em vapor, antes que a temperatura comece a se elevar, devido à continuidade da adição de calor, o título assume o limite superior ($x = 1,0$). Essa situação está representada pelo estado (4), onde o vapor ainda se encontra na temperatura de vaporização, sendo, assim, definido como vapor saturado seco (VSS).

O título somente pode ser definido na fase de ebulição, nada representando para temperaturas menores ou maiores que a de ebulição, sendo o seu intervalo de variação $0 \leq x \leq 1$.

A partir do estado (4), havendo continuidade no fornecimento de calor, a temperatura do vapor aumenta e a pressão permanece inalterada. Essa nova situação é conhecida como vapor superaquecido (VSA), sendo representada pelo estado (5). Da mesma maneira, pode-se definir o estado (1) como a água no estado líquido, com temperatura abaixo do ponto de vaporização, sendo, desse modo, batizada de líquido sub-resfriado (LSR).

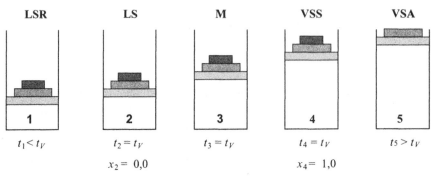

Figura 2.1

Na Figura 2.1 pode-se admitir, como exemplo, a pressão interna do cilindro de 1 atmosfera, resultando, para a água, a temperatura de ebulição de 100°C. Genericamente, a partir do conhecimento da pressão, uma tabela fornece a temperatura de ebulição e, para qualquer temperatura abaixo desta, o estado é definido como líquido sub-resfriado. Para qualquer temperatura acima desta, o estado é definido como vapor superaquecido.

2.2 Volume Específico (v)

Define-se o volume específico de uma substância como a relação entre o volume e a massa. Esse conceito pode ser estendido para o líquido na presença do vapor, ambos no estado saturado, desde que o conjunto seja interpretado como uma mistura homogênea. Essa propriedade representa o inverso da massa específica da substância, também conhecida como densidade.

$$v = \frac{V}{m} \tag{2.3}$$

A Figura 2.2 é a parte da Figura 2.1 que representa o estado saturado. Admitido-se que a massa total de água seja de 1 kg, os volumes representados nos estados (2) e (4) são, respectivamente, os volumes específicos do líquido saturado, v_L, e do vapor saturado, v_V. O volume específico da mistura, v_X, está representado pelo estado (3), o qual depende da fração de vapor contida no conjunto. Os valores dos volumes específicos do líquido e do vapor saturado são apresentados em tabelas, para cada substância, em função da pressão.

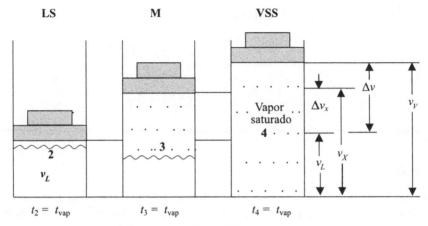

Figura 2.2

v_L = volume específico do líquido saturado
v_V = volume específico do vapor saturado
v_X = volume específico da mistura (vapor saturado úmido)
Δv = acréscimo de volume específico que ocorre durante a vaporização total
Δv_X = acréscimo de volume específico que ocorre durante a vaporização parcial

Quando se considera uma determinada massa de uma mistura de líquido e de vapor, ambos no estado saturado, ocupando um volume conhecido, basta dividir o volume total pela massa total para obter o valor do volume específico da mistura.

Exemplo 2.1

Um tanque de 2 m³ de volume interno contém 100 kg de uma mistura de líquido e vapor de uma substância com título de 25%. Calcular o volume específico da mistura (v_X), o volume específico do líquido (v_L) e o volume específico do vapor (v_V). Sabe-se que o volume do vapor é 95% do volume total.

a) Volume específico da mistura:

$$v_X = \frac{V}{m} = \frac{2}{100} = 0,02 \text{ m}^3/\text{kg}$$

b) Volume de líquido e volume de vapor:

$$V_L = (1 - 0,95)V = 0,05 \cdot 2 = 0,1 \text{ m}^3$$
$$V_V = 0,95\,V = 0,95 \cdot 2 = 1,9 \text{ m}^3$$

c) Massa de líquido e de vapor:

$$m_L = (1 - x)m = 0,75 \cdot 100 = 75 \text{ kg}$$
$$m_V = x \cdot m = 0,25 \cdot 100 = 25 \text{ kg}$$

d) Volume específico do líquido e do vapor:

$$v_L = \frac{V_L}{m_L} = \frac{0,1}{75} = 0,0013 \text{ m}^3/\text{kg}$$

$$v_V = \frac{V_V}{m_V} = \frac{1,9}{25} = 0,076 \text{ m}^3/\text{kg}$$

2.3 Entropia

A Figura 2.3 mostra uma tubulação por onde escoa um fluido que pode trocar calor com o ambiente externo e que, devido à sua viscosidade, apresenta atrito provocado pelo seu movimento. Considerando que o atrito aquece o fluido, pode-se associar esse aquecimento com uma quantidade de calor equivalente à que seria necessária para provocar a variação de temperatura.

Admitindo-se que a tubulação não contenha um isolante térmico, pode haver uma troca de calor, cujo sentido depende somente de a temperatura externa ser maior ou menor que a interna. Convenciona-se que o calor é positivo quando seu movimento é de fora para dentro, provocando o aquecimento do fluido. O calor é negativo quando se movimenta no sentido contrário. Na definição do conceito de entropia é importante distinguir esse tipo de calor do calor equivalente ao aquecimento gerado pelo atrito. Neste estudo, este último é representado por Q_{at} e o outro, simplesmente por Q.

O calor produzido pelo atrito de um fluido em movimento é considerado como positivo, porque produz o mesmo efeito daquele que tem origem em uma fonte externa, provocando o aquecimento do fluido.

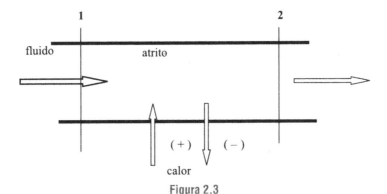

Figura 2.3

Admitindo-se que o calor e a temperatura estejam relacionados por meio de alguma função contínua, pode-se definir a entropia como a variação de uma propriedade (*S*), representada pela integral do calor dividido pela temperatura absoluta, que é sempre positiva. Esse calor pode ser externo (positivo ou negativo) ou gerado pelo atrito (sempre positivo), razão pela qual são apresentadas duas integrais na definição de entropia.

2.3.1 Definição de Entropia

$$\Delta S = \int \frac{\delta Q}{T} + \int \frac{\delta Q_{at}}{T} \quad (2.4)$$

A primeira integral pode ser compreendida por meio da Figura 2.4, que representa um tanque contendo um fluido atravessado por uma resistência elétrica.

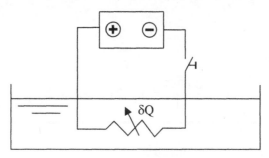

Figura 2.4

A resistência faz parte de um circuito através do qual passa uma corrente elétrica fornecendo calor para o aquecimento do líquido. Neste caso, o calor tem sinal positivo, pois está contribuindo para elevar a temperatura do fluido.

2.3.2 Escala de Entropia

Na construção da escala de entropia é necessário que se convencione, para cada substância, um estado-padrão adotado como referência no qual a entropia seja nula. Para a água, convencionou-se que a entropia é igual a zero, quando ela se encontra no estado líquido, sujeita à pressão de 1 atm a 0°C. A partir desse estado, quando a água recebe calor a entropia aumenta e quando ela perde calor a entropia diminui.

Exemplo 2.2

Calcular a entropia de 2 kg de água em repouso, que se encontra na temperatura de ebulição a 100°C, quando a pressão correspondente é de 1 atmosfera agindo sobre a sua superfície livre. Neste caso, considera-se somente a integral do calor externo, pois, sem o movimento do fluido, a integral referente ao atrito é nula.

$$\Delta S = \int_{273}^{373} \frac{\delta Q}{T}$$

O calor de aquecimento de uma substância pode ser calculado pela equação:

$$Q = m \cdot c \cdot \Delta T, \quad (2.5)$$

onde c representa o calor específico da substância. No caso da água, $c = 1$ kcal/kg.K.

$$\delta Q = m \cdot c \cdot dT$$

$$\Delta S = \int_{273}^{373} m \cdot c \cdot \frac{dT}{T} = m \cdot c \int_{273}^{373} \frac{dT}{T}$$

12 Termodinâmica

$$\Delta S = m \cdot c \cdot \ln \frac{373}{273}$$

$$\Delta S = 0,6242 \text{ kcal/K}$$

Entropia específica é aquela que se refere à unidade de massa da substância. Esse valor pode ser tabelado, para cada substância, em função da pressão.

$$\Delta s = \frac{\Delta S}{m} \tag{2.6}$$

No exemplo em questão,

$$\Delta s = \frac{\Delta S}{m} = \frac{0,6242}{2} = 0,3121 \text{ kcal/kg .K}$$

2.3.3 Significado da Variação da Entropia

A partir da definição do conceito termodinâmico, pode-se estabelecer uma relação entre o sentido das trocas de calor e a variação da entropia. Matematicamente, a entropia é definida por meio de uma integral, que pode assumir valores positivos ou negativos. O sinal dessa integral depende de duas grandezas: calor e temperatura absoluta do corpo. Como já está convencionado que o calor tem sinal positivo quando entra no sistema e sinal negativo quando sai dele, o sinal da integral que define a entropia depende somente do sentido da troca do calor, porque a temperatura é sempre maior que zero. A temperatura que aparece no denominador está na escala absoluta e é sempre positiva, mesmo quando o corpo perde calor. Neste caso, a temperatura pode diminuir, mas o seu valor absoluto continua sempre positivo.

Conclui-se que a variação da entropia depende somente do sinal atribuído ao calor, seja este trocado com o ambiente externo ou provocado pelo atrito do corpo em movimento.

Primeira conclusão

Quando um sistema ganha calor, a integral referente ao calor externo garante que a sua entropia aumente e, quando ele perde calor, a sua entropia diminui. A entropia permanece constante quando não se verifica troca de calor entre o sistema e o ambiente externo.

Entretanto, a segunda integral pode influir na variação de entropia, independentemente da troca de calor entre o sistema e o ambiente externo. Sendo o calor gerado pelo atrito sempre positivo e sendo a temperatura absoluta também positiva, pode-se concluir que o atrito provoca aumento da entropia.

Exemplo 2.3

Calcular a variação de entropia de 1 kg de água durante o processo de vaporização que ocorre a partir do estado líquido saturado. Estando a água a 1 atmosfera, o ponto de ebulição ocorre na temperatura de 100°C.

Admitir que a água se encontra no estado de repouso, não havendo, dessa maneira, influência do atrito no cálculo da variação da entropia.

Propriedades Termodinâmicas   13

Solução:
Da equação 2.4, com o segundo termo igual a zero, resulta:

$$\Delta S = \int \frac{\delta Q}{T}$$

Sendo a temperatura constante, ela pode ser colocada fora da integral:

$$\Delta S = \frac{1}{T} \int dQ$$

$\Delta S = \dfrac{Q}{T}$ onde Q representa o calor fornecido à água para a sua vaporização e, portanto, tem sinal positivo.

$Q = m \cdot C_L$, onde C_L representa o valor latente de vaporização da água. Na temperatura de 100°C, as tabelas fornecem para a água aproximadamente $C_L = 539,0$ kcal/kg.

$$\Delta S = \frac{539,0 \times 1}{273 + 100} = 1,445 \ \frac{kcal}{K}$$

Como o problema se refere a 1 kg de água, resulta a entropia específica:

$$\Delta s = \frac{\Delta S}{m} = 1,445 \ kcal/kg \cdot K$$

Segunda conclusão

Considerando que o valor da entropia da água é igual a zero, quando ela se encontra no estado líquido a 0°C, conclui-se que o gelo tem entropia negativa, porque a partir do estado de referência a água perde calor para congelar e, dessa maneira, a sua entropia diminui. Pode-se, então, estabelecer uma relação entre o grau de liberdade das partículas de um fluido e o valor da sua entropia. Quando o gelo se transforma em líquido, as partículas ganham um grau maior de liberdade, o qual pode ser quantificado por meio do valor da entropia.

Da mesma maneira, quando a água se transforma em vapor, cada quilograma sofre um aumento de entropia de 1,445 kcal/kg.K, conforme mostra o Exemplo 2.3. Esse número está associado a um determinado grau de liberdade das partículas da água, sendo esse valor maior que o da água no estado líquido.

A entropia é, portanto, uma grandeza associada com o grau de liberdade de um sistema qualquer, seja ele termodinâmico, mecânico, ambiental, social etc. Para cada sistema, é possível associar um número que representa a entropia, medido a partir de um estado de referência, representando o grau de liberdade que ele possui.

A definição matemática de entropia, apresentada neste estudo, foi feita somente para a termodinâmica, pois envolve atrito e trocas de calor, que são as grandezas presentes em quase todos os fenômenos abordados pela termodinâmica.

2.3.4 Entropia como Propriedade de Estado

Uma grandeza física é considerada uma propriedade de estado quando, ao lado de uma outra, define o estado de uma substância. Adotemos como exemplo a água sujeita à pressão de 1 atmosfera. A sua temperatura pode variar de $0°C$ a $100°C$, passando por uma infinidade de situações intermediárias. Cada situação representa um estado, o qual é definido por duas propriedades independentes: pressão e temperatura. A entropia, assumindo valores diferentes, em cada uma dessas situações, pode definir o estado da água desde que esteja associada à pressão ou à temperatura.

Quando se afirma que a entropia da água é igual a zero e que a pressão é de 1 atmosfera, pode-se concluir que o estado da água já está perfeitamente determinado, pois nessa situação a temperatura só pode ser igual a zero. De acordo com a segunda conclusão do item 2.3.3, a água no estado sólido tem entropia negativa porque, a partir do estado-padrão de entropia nula, a água perde calor para atingir o estado sólido. Da mesma maneira, podemos afirmar que a água no estado líquido a uma temperatura acima de $0°C$ tem entropia positiva por causa da adição do calor.

No Exemplo 2.2 calculou-se a entropia de 1 kg de água no estado líquido a $100°C$ e encontrou-se o valor $s_L = 0,312$ kcal/kg.K, admitindo-se que a pressão que atua sobre a superfície líquida seja de 1 atm. Neste caso, a água se encontra a ponto de iniciar a vaporização e seu estado é definido como líquido saturado. Podemos então afirmar que a água no estado líquido saturado é definida pela pressão de 1 atm e pela entropia $s_L = 0,312$ kcal/kg.K. Qualquer valor de entropia entre 0 e 0,312 indica que a água se encontra no estado líquido sub-resfriado nessa pressão.

No Exemplo 2.3 calculou-se a variação da entropia de 1 kg de água, passando de líquido saturado para vapor saturado, na mesma temperatura. O valor encontrado foi $\Delta s = 1,445$ kcal/kg.K, que indica que o vapor de água no estado saturado, a 1 atmosfera, tem entropia $s_V = 0,312 + 1,445$, ou seja:

$$s_V = 1,757 \frac{\text{kcal}}{\text{kg.K}}$$

O vapor saturado fica perfeitamente definido por duas propriedades: pressão $p = 1$ atm e entropia $s_V = 1,757$ kcal/kg.K. Pode-se então afirmar que um quilograma de água, parcialmente vaporizada, sujeita à pressão de 1 atm, tem entropia variando no intervalo $0,312 \le s \le 1,757$, dependendo da quantidade de vapor formado, em relação à massa total inicial de líquido.

A tabela abaixo mostra como os valores da entropia variam associados com o estado do líquido, para a pressão de 1 atmosfera.

Valor da entropia	Estado
$s < 0$	sólido
$s = 0$	líquido a $0°C$
$0 < s < 0,312$	líquido a $0 < t < 100°C$
$s = 0,312$	líquido saturado a $100°C$
$0,312 < s < 1,757$	líquido e vapor a $100°C$
$s = 1,757$	vapor saturado a $100°C$
$s > 1,757$	vapor superaquecido a mais de $100°C$

Pela tabela anterior, pode-se avaliar a importância da entropia quando se deseja definir o estado de uma substância. Observa-se que a pressão e a entropia definem perfeitamente a situação da água, sem necessidade de uma outra propriedade. Esta é uma conclusão importante que demonstra que a entropia é uma propriedade de estado. Essa propriedade é útil na solução de muitos problemas de termodinâmica. Os valores da entropia para várias substâncias são tabelados em função da pressão e da temperatura.

2.4 Energia Interna

Um sistema termodinâmico envolve três formas de energia, relacionadas com a velocidade, com a posição em relação a um plano de referência e com a temperatura. A Figura 2.5 apresenta um fluido escoando por um sistema termodinâmico em forma de tubo no qual uma partícula de massa m, situada a uma cota z e sujeita à temperatura t, movimenta-se com velocidade V. A energia cinética dessa massa é representada por $mV^2/2$ e a energia potencial de posição é definida por mgz, onde z é a distância do seu centro de gravidade até um plano horizontal de referência (PHR).

Admitindo-se que o sistema receba calor externo, as energias cinética e potencial de posição permanecem inalteradas. Este fato indica que uma outra forma de energia, relacionada com a troca de calor, deve ser alterada dentro do sistema. Essa forma de energia denomina-se *energia interna*, estando a sua variação relacionada com as alterações que ocorrem na temperatura interna do sistema.

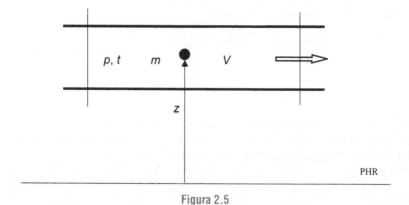

Figura 2.5

A energia interna não tem valor absoluto e, tal como a entropia, depende de um estado-padrão, no qual se convenciona que o seu valor é nulo. A energia interna é representada por $U = m \cdot u$, onde u é a energia interna específica, medida em kcal/kg ou em kJ/kg, e U é a energia interna total de um sistema de massa m.

2.4.1 Escala de Energia Interna

Na determinação dos valores da energia interna, cada substância tem um estado de referência, no qual seu valor, adotado por convenção, é nulo. Para a água, adotou-se o estado líquido a 0°C, sob pressão de 1 atmosfera. A partir desse valor, quando a água recebe calor, a sua energia interna aumenta e, quando perde calor, a sua energia interna

16 Termodinâmica

diminui. A partir desse estado, pode-se estabelecer uma escala de energia interna considerando que a quantidade de calor necessária para elevar a temperatura de uma massa unitária de água é igual à variação da energia interna dessa água. Essa igualdade é garantida pelo princípio da conservação da energia, pois a quantidade de energia que entra no sistema, representada pelo calor, deve ser igual à variação de energia que ocorre dentro dele. Como o calor não provoca o aumento da energia cinética nem da energia potencial da água, conclui-se que é convertido totalmente em um aumento na energia interna, sendo esta relacionada com o aumento de temperatura.

Exemplo 2.4

Calcular a energia interna de uma massa unitária de água que se encontra sujeita à temperatura de 85°C. O calor necessário para aquecer essa água é calculado por meio da equação $Q = m \cdot c \cdot (t_{85} - t_0)$.

Considerando que esse calor é igual à variação da energia interna que ocorre dentro do sistema, pode-se estabelecer a igualdade:

$$m \cdot (u_{85} - u_0) = m \cdot c \cdot (t_{85} - t_0) \text{ ou}$$

$$u_{85} - u_0 = c \cdot (t_{85} - t_0) \text{ ou ainda}$$

$$u_{85} = c \cdot (t_{85} - t_0) + u_0$$

Lembrando que a água tem energia interna nula, quando se encontra a 0°C no estado líquido e que a constante c representa o calor sensível da água, valendo aproximadamente 1 kcal/kg.°C, dessa equação resulta:

$$u_{85} = c \cdot t_{85} \text{ ou}$$

$$u_{85} = 85 \text{ kcal/kg}$$

Conclusão:

A energia interna da água, medida em kcal/kg, é numericamente igual ao número que mede a sua temperatura, na escala Celsius. Esta conclusão somente ocorre no intervalo em que o calor sensível da água se aproxima do valor unitário.

2.5 Entalpia

Na Figura 2.6, observa-se que mais de uma forma de energia está presente no fluido que passa pela tubulação, pois no tubo vertical a água sobe até uma altura H, indicando a presença de um trabalho relacionado com a pressão. Pode-se, portanto, afirmar que essa forma de energia equivale ao trabalho necessário para elevar a massa m de água até a altura H, o que é calculado por meio da equação $W_{pr} = m \cdot g \cdot H$.

A altura H está relacionada com a pressão, por meio da lei de Stevin, a qual estabelece que a pressão é igual ao produto da densidade (ou massa específica) do fluido ρ pela aceleração da gravidade g e pela altura H.

$$p = \rho \cdot g \cdot H$$

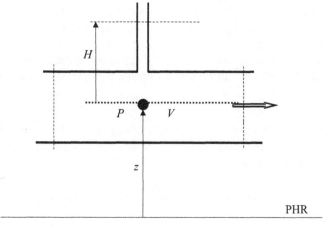

Figura 2.6

Na termodinâmica, utiliza-se com mais freqüência o volume específico, que é definido como o inverso da densidade. Dessa maneira, a lei de Stevin pode ser representada por $p = g \cdot H/v$, de onde resulta $H = p \cdot v/g$.

Dessa maneira, o trabalho realizado pela pressão é calculado por meio da equação:

$$W_{pr} = m \cdot p \cdot v$$

Consideremos então as formas de energia presentes no fluido em movimento, representadas pela equação abaixo:

$$E_T = m \cdot (V^2/2 + gz = u + pv)$$

Nessa soma de energias, as únicas que existem sempre, em qualquer situação, são a energia interna, devido à temperatura do fluido, e a energia relacionada com a pressão. Tendo-se em vista isso, resolveu-se agrupar essas duas formas e batizá-las com o nome de *entalpia*.

Pode-se afirmar, portanto, que a entalpia é a propriedade termodinâmica que representa as energias relacionadas com a pressão e com a temperatura de um sistema.

$$h = u + \frac{p \cdot v}{427}$$

u = energia interna por unidade de massa, medida em kcal/kg
p = pressão absoluta do fluido, medida em kgf/m^2
v = volume específico do fluido, medido em m^3/kg

O produto $p.v$, de acordo com as unidades acima, é medido em kgf.m/kg. O número 427 representa a transformação de kgf.m em kcal, para que se possa efetuar a soma da energia interna u com o produto $p.v$.

Os valores da entalpia, no estado saturado, são tabelados para cada substância em função da pressão. A entalpia do líquido saturado é representada por h_L e a do vapor saturado, por h_V. A diferença entre entalpias do vapor e do líquido, ambos saturados ($h_V - h_L$), encontra-se também tabelada, pois representa o calor latente de vaporização da substância. No estado superaquecido, a entalpia é tabelada em função da pressão e da temperatura.

18 Termodinâmica

No vapor que sai de uma caldeira, a soma das energias internas fornecidas pela bomba e pelo calor que transformou o líquido em vapor superaquecido é quantificada por meio da entalpia. Considerando-se que a entalpia é a propriedade termodinâmica que contém as formas de energia resultantes da temperatura e da pressão de um fluido, quando se eleva a pressão ou a temperatura de um fluido, o valor da sua entalpia aumenta.

Exemplo 2.5

Calcular a entalpia de 1 kg de água no estado líquido a 85°C, sob pressão de 1 atm. Sabe-se que, nesse estado, a energia interna da água é aproximadamente igual à sua temperatura, na escala Celsius.

$$p = 1 \text{ atm} = 1,033 \frac{\text{kgf}}{\text{cm}^2} = 10.330 \text{ kgf/m}^2$$

$$v = 0,001 \text{ m}^3/\text{kg}$$

$$h_{85} = u_{85} + pv$$

$$h_{85} = 85 + \frac{1,033 \times 10^4 \times 0,001}{427}$$

$$h_{85} = 85,02 \text{ kcal/kg}$$

Observação: A entalpia da água no estado líquido, para baixos valores de pressão, é aproximada-mente igual à sua temperatura, sendo esta medida na escala Celsius. A maioria das tabelas não apresenta os valores da entalpia no líquido sub-resfriado. Neste caso, pode-se, então, aplicar a igualdade acima especificada, sem incorrer em erros significativos.

CAPÍTULO 3

ÁBACOS DE TERMODINÂMICA

3.1 Substância Pura

Uma substância cuja composição química permanece inalterada, mesmo quando ocorre uma mudança de fase, denomina-se substância pura. A água é um exemplo de substância pura, porque sua composição é dada pela fórmula H_2O tanto na fase sólida como nas fases líquida e gasosa.

Uma substância pura apresenta a propriedade de manter constante a temperatura durante uma mudança de fase. Além de ser constante, a temperatura tem sempre o mesmo valor para uma determinada substância, desde que não mude a pressão sobre ela.

A água, por exemplo, entra em ebulição a 100°C quando sua superfície está sujeita a uma pressão de 1,033 kgf/cm^2. Se a pressão é reduzida para 0,1 kgf/cm^2, a temperatura de vaporização passa para 45,5°C.

3.2 Diagrama Temperatura–Entropia

3.2.1 Processo a Pressão Constante

Vejamos como se comporta uma substância pura que passa do estado líquido ao gasoso em um processo de pressão constante. Para isso, basta introduzir o líquido de um cilindro contendo um êmbolo que se movimenta à medida que varia o seu volume. Se medimos a temperatura e a entropia da substância em cada instante, podemos traçar uma linha que relaciona temperatura e entropia em um processo de pressão constante.

A Figura 3.1 representa uma substância pura em cinco estados diferentes, todos sujeitos à mesma pressão. O estado (1) representa a água na fase líquida, sujeita a uma temperatura inferior à temperatura de vaporização. Nessa situação o líquido é *sub-resfriado*. Aquecendo-se o líquido, eleva-se a sua entropia, porque o corpo recebe calor e a sua temperatura aumenta até o valor $t_2 = t_V$ (t_V = temperatura de vaporização). Nesse estado o líquido é *saturado* porque, se receber mais calor, inicia o processo de mudança de fase. No estado (2) resulta $t_2 = t_1$ e $s_2 > s_1$. O estado (3) representa uma fase intermediária onde $t_3 = t_V$, mas há uma vaporização parcial de líquido. Do estado (2) para o estado (3) há uma adição de calor à substância, resultando em um aumento na sua entropia $s_3 > s_2$.

Suponhamos que mais calor seja transferido à água até que se chegue à vaporização total. Neste caso, antes que a temperatura seja alterada, o vapor se encontra no estado *saturado*. No estado (4) tem-se $t_4 = t_V$ e $s_4 > s_3$.

Se mais calor for introduzido, a entropia e a temperatura do corpo elevam-se ainda mais e o vapor se torna *superaquecido*.

Em um diagrama *T.s* a transformação (1 → 5) é feita com constante elevação de entropia e a temperatura é crescente de 1 a 2, torna-se constante de 2 a 4 e cresce de 4 a 5. Ao se analisar todas as propriedades termodinâmicas, verifica-se que durante a transformação 1 → 5, somente a pressão permaneceu inalterada. Portanto a linha 1 → 2 → 3 → 4 → 5 representa um processo de transformação de líquido sub-resfriado em vapor superaquecido em um processo a *pressão constante*. A Figura 3.2(a) representa esse processo para uma pressão p, inferior à p' representada na Figura 3.2(b). A curva de maior pressão representa a mesma experiência efetuada com um corpo de maior peso sobre o êmbolo da Figura 3.1. Verifica-se que a temperatura de vaporização neste segundo caso é maior — $t'_V > t_V$.

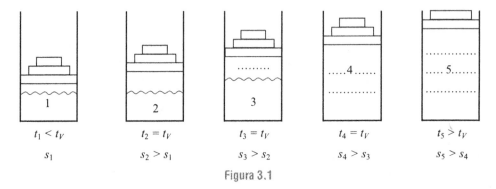

Figura 3.1

Interligando os pontos 2 das linhas representativas das várias pressões entre si e também os pontos 4, encontramos a linha representada na Figura 4.2(c).

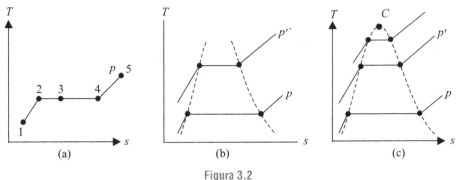

Figura 3.2

O estado C representa os estados 2 e 4 ao mesmo tempo, isto é, líquido saturado e vapor saturado.

Isso indica que a uma certa pressão muito elevada p_C, denominada pressão crítica, verifica-se uma vaporização instantânea, sem que se passe pela fase intermediária (estado 3), na qual subsistem líquido e vapor ao mesmo tempo. Esse estado é denominado ponto crítico da substância. No caso da água, o estado crítico verifica-se à pressão $p_C = 225$ kgf/cm² e temperatura $t_C = 374°$C.

3.2.2 Curvas de Título Constante

Na Figura 3.3 a linha à esquerda do ponto crítico representa o líquido saturado e a linha à direita é a de vapor saturado. No primeiro caso temos o título $x = 0$ porque, pela definição, $x = m_V / m_V + m_L$ e no estado (2) ainda não há formação do vapor $m_V = 0$. No segundo caso o título é $x = 1$ porque é o fim da vaporização, portanto $m_L = 0$. Em cada linha $p =$ cte, façamos uma divisão em 5 partes iguais, cada uma representando 20% a mais de vaporização. O ponto (3), por exemplo, representa 40% de vaporização, isto é, $x = 0,4$. Unindo-se todos os pontos representativos do estado (3) temos uma linha que indica $x = 0,4$. As demais linhas indicam $x = 0,2$, $x = 0,6$ e $x = 0,8$.

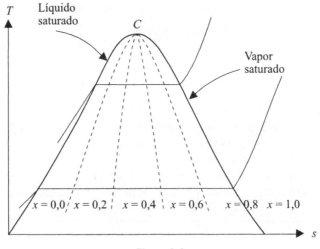

Figura 3.3

Na Figura 3.3 todos os pontos da linha $x = 0,6$ indicam uma mistura na qual 60% da massa inicial de líquido já se transformou em vapor.

Convém ainda observar que no estado (3), denominado mistura de líquido e vapor, ambos são considerados isoladamente e encontram-se no estado saturado. O líquido é saturado porque está em fase de vaporização ($t = t_V$). O vapor é saturado porque acaba de se formar e a sua temperatura é ainda a mesma. O estado (3) é uma mistura do estado (2) com o estado (4).

3.2.3 Processo a Volume Específico Constante

Podemos também representar em um diagrama $T.s$ as linhas que indicam um processo a volume constante. Para isso, basta analisarmos como variam a entropia e a temperatura de uma substância quando ela recebe calor sem mudança de volume.

Tomemos o sistema fechado da Figura 3.4, de fronteira fixa, contendo uma quantidade de líquido e vapor de água. Sendo o volume e a massa total ($m_l + m_V$) constantes, o volume específico da mistura também é constante:

$$v = \frac{V}{m_l + m_v}$$

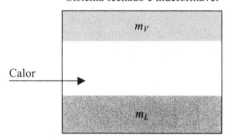

Figura 3.4

Se fornecermos calor a esse sistema, ele passará por um processo de volume específico constante. Lembremos que quando um sistema recebe calor a sua entropia se eleva. Apesar da mudança de estado, a temperatura se eleva porque a pressão do vapor aumenta. Conclui-se que a linha representativa de um processo de volume específico constante em um diagrama T.s cresce no sentido do aumento da temperatura e da entropia. A Figura 3.5 mostra linhas tracejadas representando processos de volume específico constante.

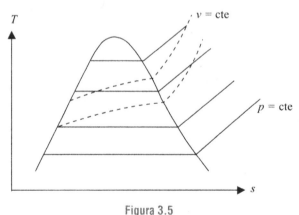

Figura 3.5

Nessa figura vemos duas linhas que representam o volume específico constante. Cada linha representa um volume específico diferente.

Resta ainda uma propriedade termodinâmica a ser representada no diagrama T.s. Vejamos como se apresentam as linhas de entalpia constante.

3.2.4 Processo de Entalpia Constante

Não pretendemos justificar o que vamos afirmar neste item porque nesta altura do curso não temos ainda elementos para entender o significado preciso da entalpia. Queremos somente observar que a entalpia varia de acordo com o diagrama $T.s$ da Figura 3.6, onde a linha se torna horizontal nos pontos de maior entropia. Essa observação será importante quando quisermos saber em que condições o vapor de água pode ser considerado um gás perfeito.

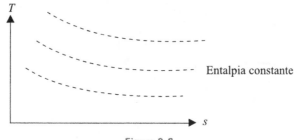

Figura 3.6

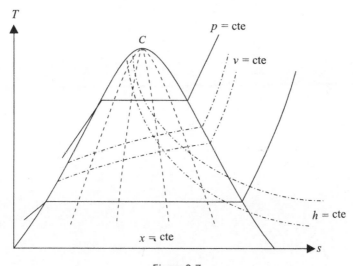

Figura 3.7

Convém também observar que nessa fase a entalpia cresce no sentido do aumento da temperatura.

As linhas que vimos até agora e que representam processos constantes são representadas em um único diagrama. Dessa maneira, quando são conhecidas duas propriedades independentes, isto é, duas linhas que se cruzam, podemos determinar o valor das demais propriedades que caracterizam o estado da substância.

A Figura 3.7 representa todas as propriedades já vistas no diagrama $T.s$.

3.3 Diagrama de Mollier

Neste diagrama representa-se a entalpia em ordenada e a entropia em abscissa, em processos de aquecimento, vaporização e superaquecimento da substância pura, realizados a pressão constante, volume específico constante, temperatura constante etc. Não pretendemos aqui justificar o diagrama, porque seria algo semelhante ao que foi feito para o diagrama $T.s$. Queremos simplesmente mostrar o aspecto do diagrama $h.s$, pois somente isso já basta para a sua utilização. A Figura 3.8 representa o diagrama de Mollier.

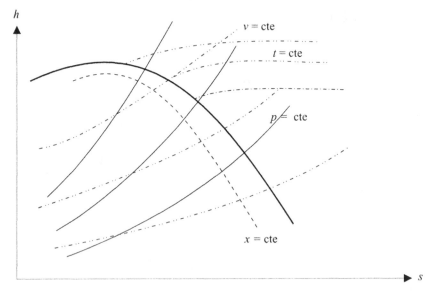

Figura 3.8

CAPÍTULO 4

TABELAS DE VAPOR

4.1 Propriedades Dependentes e Independentes

Tomemos no diagrama de Mollier da Figura 3.8 dois pontos, M e N, situados, respectivamente, na região de líquido e vapor e na região de vapor superaquecido. As linhas que passam pelo ponto M determinam o estado da mistura de líquido e vapor. Para se definir um ponto em um plano, é necessário que sejam dadas duas linhas que se cruzem. Pelo ponto M passam várias linhas, como se observa melhor na Figura 4.1.

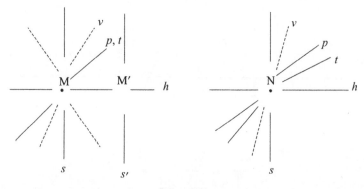

Figura 4.1

Com exceção do par formado pelas linhas de pressão e temperatura, quaisquer outros pares de linhas representativas de propriedades servem para caracterizar o ponto M. Isso significa que as propriedades são independentes duas a duas, com exceção da temperatura e da pressão. As propriedades pressão e temperatura são *dependentes* na fase de vaporização, pois não é possível encontrar na mesma pressão duas temperaturas diferentes e vice-versa.

Qualquer outro par é formado por propriedades independentes. Tomemos como exemplo a entalpia e a entropia. Se adotamos o ponto M' de mesma entalpia que o ponto M, vemos que por ele passa uma outra linha de entropia p', que é constante, o que evidencia o caráter de independência entre essas propriedades.

Vamos agora ver o que se passa com o ponto N, situado na fase de vapor superaquecido. Nessa fase observa-se que o par temperatura-pressão é formado por linhas que se cruzam, indicando que não há dependência.

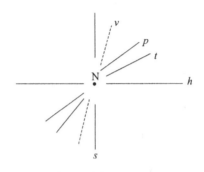

Figura 4.2

Nesta fase, pela Figura 4.2, vê-se que todas as propriedades são independentes duas a duas, isto é, qualquer par de propriedades é formado por linhas que se cruzam no ponto N.

4.2 Tabela de Vapor e Líquido Saturados

Vejamos a Figura 4.3 e verifiquemos o que significam as grandezas representadas por s_L, s_V, Δs e s.

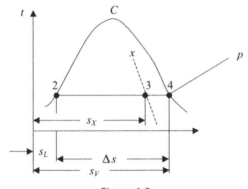

Figura 4.3

Tomemos sobre uma linha p (que representa a pressão constante) os pontos 2, 3 e 4. O ponto 2 representa o líquido saturado e a abscissa do ponto 2 representa a entropia do líquido saturado sujeito à pressão p.

Na Figura 4.3, supondo que a massa inicial de líquido seja de 1 kg, a abscissa s_L representa a entropia de 1 kg de líquido no estado saturado, à pressão p. Segue o significado das demais grandezas:

- s_V entropia de 1 kg de vapor saturado sujeito à pressão p.
- Δs aumento de entropia que ocorre durante a vaporização *total* de 1 kg de líquido saturado à pressão p.
- s entropia de uma mistura de massa total igual a 1 kg, de título x, à pressão p.

Pela Figura 4.3 podemos afirmar que:

$$s_V = s_L + \Delta s$$

Observamos que Δs se refere a um aumento de entropia até que o título se torne igual a 1.

Resulta:

$$s_X = s_L + x \cdot \Delta s$$

Isso significa que é possível calcular a entropia de uma mistura de líquido e vapor, desde que se conheçam a pressão e o título. Com a pressão pode-se encontrar em uma tabela os valores de s_L e Δs.

De modo análogo pode-se definir o volume específico e o volume para a entalpia nos estados líquido e de vapor saturado e os respectivos acréscimos:

$$h_V = h_L + \Delta h$$

$$v_V = v_L + \Delta v$$

Também para a entalpia e o volume específico são válidas as expressões:

$$h_X = h_L + x \cdot \Delta h$$
$$v_X = v_L + x \cdot \Delta v$$

Para visualizarmos melhor isso, vejamos a Figura 4.4, onde a massa de 1 kg de líquido saturado ocupa um volume v_L. Esse líquido, sujeito a uma pressão p, determinada pela área do êmbolo e pelo peso G, sofre vaporização total, passando por uma fase intermediária.

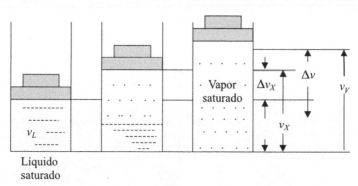

Figura 4.4

O volume final é o volume ocupado por 1 kg de vapor saturado. Portanto, é o seu volume específico (v_V). A diferença $v_V - v_L$ pode ser observada na figura, representada por Δ_V. Deve-se observar que o acréscimo Δv se refere ao líquido saturado que se transforma em mistura de volume específico v.

A cada uma das situações representadas na Figura 4.4 corresponde um valor para a entalpia e um para a entropia. Todos esses valores dependem da pressão e a cada pressão corresponde também uma temperatura de vaporização.

Pode-se, então, montar uma tabela na qual se lêem as propriedades do líquido e do vapor saturado e da temperatura de vaporização, desde que se conheça a pressão da substância.

p (abs) $\left(\dfrac{kgf}{cm^2}\right)$	t_v (°C)	v $\left(\dfrac{m^3}{kg}\right)$	Δv	h $\left(\dfrac{kcal}{kg}\right)$	Δh	s $\left(\dfrac{kcal}{kg°.K}\right)$	Δs
0,1	45,4	0,001	14,96	45,4	570,5	0,1539	1,7919
1,0	99,1	0,001	1,727	99,1	540,9	0,3096	1,4511
10,0	179,0	0,001	0,1985	181,3	483,1	0,5090	1,0689
100,0	309,5	0,001	0,0181	328,7	311,8	0,7893	0,5352

Uma tabela mais completa pode ser encontrada na seção seguinte.

4.3 Tabela de Vapor Superaquecido

Tomemos um ponto do diagrama $T.s$ da região que representa o vapor superaquecido. Observa-se que esse ponto é determinado desde que sejam dadas duas propriedades independentes, como se pode observar na Figura 4.4. Pelo ponto M passam linhas indicando o valor das demais propriedades.

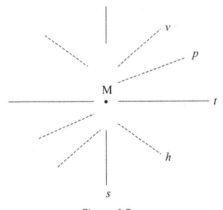

Figura 4.5

Podemos então colocar em tabelas as propriedades: entalpia, volume específico e entropia, em função da temperatura e pressão, como se observa na tabela abaixo.

Quando são conhecidas a temperatura $t = 300°C$ e a pressão $p = 5,0 \, kgf/cm^2$, pela tabela obtêm-se $v = 0,53 \, m^3/kg$, $h = 731 \, kcal/kg$ e $s = 1,78 \, kcal/kg.K$, conforme tabela da página 35.

ESTADO SATURADO

Pressão (abs.)	Temp.	Volume específico		Entalpia			Entropia	
		Líq. sat.	Vapor sat.	Líq. sat.	Calor latente	Vapor sat.	Líq. sat.	Vapor sat.
p	t	v_L	v_V	h_L	Δh	h_V	s_L	s_V
kgf/cm^2	°C	m^3/kg		kcal/kg			kcal/kg.K	
0,01	6,7	0,0010	131,6	6,7	593,5	600,2	0,0243	2,1450
0,02	17,2	0,0010	68,27	17,2	587,6	604,8	0,0612	2,0848
0,03	23,8	0,0010	46,53	23,8	585,9	607,7	0,0835	2,0499
0,04	28,6	0,0010	35,46	28,7	581,1	609,8	0,0998	2,0253
0,05	32,6	0,0010	28,73	32,5	579,0	611,5	0,1126	2,0063
0,06	35,8	0,0010	24,19	35,8	577,1	612,9	0,1232	1,9908
0,07	38,7	0,0010	20,92	38,6	575,5	614,1	0,1323	1,9778
0,08	41,2	0,0010	18,45	41,1	574,1	615,2	0,1403	1,9665
0,09	43,4	0,0010	16,51	43,4	572,7	616,1	0,1474	1,9566
0,10	45,5	0,0010	14,95	45,4	571,6	617,0	0,1538	1,9478
0,15	53,6	0,0010	10,21	53,5	566,9	620,4	0,1790	1,9139
0,20	59,7	0,0010	7,794	59,6	563,4	623,0	0,1974	1,8899
0,25	64,6	0,0010	6,321	64,6	560,5	625,0	0,2119	1,8715
0,30	68,7	0,0010	5,328	68,6	558,0	626,6	0,2241	1,8564
0,40	75,4	0,0010	4,068	78,4	553,9	629,3	0,2436	1,8328
0,50	80,9	0,0010	3,301	80,8	550,7	631,5	0,2591	1,8145
0,60	85,5	0,0010	2,782	85,4	547,9	633,3	0,2720	1,7996
0,70	89,5	0,0010	2,408	89,4	545,4	634,8	0,2832	1,7871
0,80	93,0	0,0010	2,125	93,0	543,2	636,2	0,2929	1,7762
0,90	96,2	0,0010	1,904	96,2	541,2	637,4	0,3017	1,7667
0,95	97,7	0,0010	1,810	97,7	540,2	637,9	0,3057	1,7623
1,0	99,1	0,0010	1,725	99,1	539,3	638,4	0,3095	1,7582
1,1	101,8	0,0010	1,578	101,8	537,6	639,4	0,3167	1,7504
1,2	104,3	0,0010	1,454	104,3	536,0	640,3	0,3234	1,7434
1,3	106,6	0,0010	1,349	106,7	534,5	641,2	0,3296	1,7370
1,4	108,7	0,0011	1,259	108,9	533,0	641,9	0,3353	1,7310
1,5	110,8	0,0011	1,180	110,9	531,8	642,7	0,3407	1,7255
1,6	112,7	0,0011	1,111	112,9	530,5	643,4	0,3458	1,7203
1,7	114,6	0,0011	1,050	114,8	529,2	644,0	0,3506	1,7154
1,8	116,3	0,0011	0,9950	116,6	528,0	644,6	0,3552	1,7109
1,9	118,0	0,0011	0,9459	118,3	526,9	645,2	0,3596	1,7065
2,0	119,6	0,0011	0,9015	119,9	525,9	645,8	0,3637	1,7024
2,1	121,2	0,0011	0,8612	121,4	524,9	646,3	0,3677	1,6985
2,2	122,6	0,0011	0,8245	122,9	523,9	646,8	0,3715	1,6948
2,3	124,1	0,0011	0,7909	124,4	522,9	647,3	0,3752	1,6913
2,4	125,5	0,0011	0,7600	125,8	522,0	647,8	0,3787	1,6879

30 Termodinâmica

(continuação)

Pressão (abs.)	Temp.	Volume específico		Entalpia			Entropia	
		Líq. sat.	Vapor sat.	Líq. sat.	Calor latente	Vapor sat.	Líq. sat.	Vapor sat.
p	t	v_L	v_V	h_L	Δh	h_V	s_L	s_V
kgf/cm^2	°C	m^3/kg		kcal/kg			kcal/kg.K	
2,5	126,8	0,0011	0,7315	127,2	521,0	648,2	0,3821	1,6846
2,6	128,1	0,0011	0,7051	128,5	520,1	648,6	0,3854	1,6815
2,7	129,3	0,0011	0,6805	129,8	519,2	649,0	0,3885	1,6785
2,8	130,6	0,0011	0,6577	131,0	518,4	649,4	0,3916	1,6756
2,9	131,7	0,0011	0,6365	132,2	517,6	649,8	0,3946	1,6728
3,0	132,9	0,0011	0,6165	133,4	516,8	650,2	0,3975	1,6701
3,1	134,0	0,0011	0,5979	134,5	516,1	650,6	0,4002	1,6675
3,2	135,1	0,0011	0,5803	135,6	515,3	650,9	0,4030	1,6650
3,3	136,1	0,0011	0,5638	136,7	514,6	651,3	0,4056	1,6625
3,4	137,2	0,0011	0,5482	137,8	513,8	651,6	0,4082	1,6601
3,5	138,2	0,0011	0,5335	138,8	513,1	651,9	0,4107	1,6578
3,6	139,2	0,0011	0,5196	139,8	512,4	652,2	0,4132	1,6556
3,7	140,2	0,0011	0,5064	140,8	511,7	652,5	0,4156	1,6534
3,8	141,1	0,0011	0,4939	141,8	511,0	652,8	0,4179	1,6513
3,9	142,0	0,0011	0,4820	142,7	510,4	653,1	0,4202	1,6493
4,0	142,9	0,0011	0,4706	143,6	509,8	653,4	0,4224	1,6472
4,1	143,8	0,0011	0,4599	144,6	509,1	653,7	0,4246	1,6453
4,2	144,7	0,0011	0,4496	145,5	508,4	653,9	0,4267	1,6434
4,3	145,5	0,0011	0,4397	146,3	507,9	654,2	0,4288	1,6415
4,4	146,4	0,0011	0,4303	147,2	507,2	654,4	0,4309	1,6397
4,5	147,2	0,0011	0,4213	148,0	506,7	654,7	0,4329	1,6379
4,6	148,0	0,0011	0,4127	148,9	506,0	654,9	0,4349	1,6362
4,7	148,8	0,0011	0,4044	149,7	505,5	655,2	0,4368	1,6345
4,8	149,6	0,0011	0,3965	150,5	504,9	655,4	0,4387	1,6328
4,9	150,4	0,0011	0,3889	151,3	504,3	655,6	0,4406	1,6312
5,0	151,1	0,0011	0,3816	152,1	503,8	655,9	0,4424	1,6295
6,0	158,1	0,0011	0,3213	159,3	498,6	657,9	0,4592	1,6151
7,0	164,2	0,0011	0,2778	165,6	493,9	659,5	0,4737	1,6028
8,0	169,6	0,0011	0,2448	171,3	489,6	660,9	0,4865	1,5921
9,0	174,5	0,0011	0,2189	176,4	485,7	662,1	0,4980	1,5827
10,0	179,0	0,0011	0,1980	181,2	482,0	663,2	0,5085	1,5742
11,0	183,2	0,0011	0,1808	185,5	478,6	664,1	0,5181	1,5665
12,0	187,1	0,0011	0,1664	189,7	475,2	664,9	0,5270	1,5594
13,0	190,7	0,0011	0,1541	193,5	472,1	665,6	0,5353	1,5528
14,0	194,1	0,0011	0,1435	197,2	469,1	666,3	0,5431	1,5467

Tabelas de Vapor 31

(*continuação*)

Pressão (abs.)	Temp.	Volume específico		Entalpia			Entropia	
		Líq. sat.	Vapor sat.	Líq. sat.	Calor latente	Vapor sat.	Líq. sat.	Vapor sat.
p	t	v_L	v_V	h_L	Δh	h_V	s_L	s_V
kgf/cm^2	°C	m^3/kg		kcal/kg			kcal/kg.K	
15,0	197,4	0,0012	0,1343	200,6	466,2	666,8	0,5504	1,5409
16,0	200,4	0,0012	0,1262	203,9	463,4	667,3	0,5573	1,5355
17,0	203,4	0,0012	0,1190	207,1	460,7	667,8	0,5639	1,5304
18,0	206,1	0,0012	0,1125	210,1	458,1	668,2	0,5701	1,5256
19,0	208,8	0,0012	0,1068	213,0	455,5	668,5	0,5761	1,5209
20,0	211,4	0,0012	0,1016	215,8	453,0	668,8	0,5818	1,5165
21,0	213,9	0,0012	0,0968	218,5	450,6	669,1	0,5873	1,5122
22,0	216,2	0,0012	0,0925	221,1	448,2	669,3	0,5926	1,5082
23,0	218,5	0,0012	0,0885	223,6	445,9	669,5	0,5977	1,5042
24,0	220,8	0,0012	0,0849	226,1	443,5	669,6	0,6027	1,5005
25,0	222,9	0,0012	0,0815	228,4	441,4	669,8	0,6074	1,4968
26,0	225,0	0,0012	0,0784	230,8	439,1	669,9	0,6120	1,4932
27,0	227,0	0,0012	0,0755	233,0	437,0	670,0	0,6165	1,4898
28,0	229,0	0,0012	0,0729	235,2	434,8	670,0	0,6208	1,4865
29,0	230,9	0,0012	0,0703	237,4	432,7	670,1	0,6250	1,4832
30,0	232,8	0,0012	0,0680	239,5	430,6	670,1	0,6291	1,4801
31,0	234,6	0,0012	0,0658	241,5	428,6	670,1	0,6331	1,4770
32,0	236,4	0,0012	0,0637	243,5	426,6	670,1	0,6370	1,4740
33,0	238,1	0,0012	0,0618	245,5	424,6	670,1	0,6408	1,4710
34,0	239,8	0,0012	0,0599	247,4	422,6	670,0	0,6445	1,4682
35,0	241,4	0,0012	0,0582	249,3	420,6	669,9	0,6481	1,4653
36,0	243,0	0,0012	0,0565	251,1	418,8	669,9	0,6516	1,4626
37,0	244,6	0,0012	0,0550	253,0	416,8	669,8	0,6551	1,4599
38,0	246,2	0,0012	0,0535	254,7	415,0	669,7	0,6585	1,4573
39,0	247,7	0,0012	0,0521	256,5	413,1	669,6	0,6618	1,4547
40	249,18	0,0012	0,0507	258,2	411,3	669,5	0,6650	1,4521
41	250,64	0,0013	0,0495	259,9	409,3	669,3	0,6682	1,4496
42	252,07	0,0013	0,0483	261,6	407,6	669,2	0,6713	1,4472
43	253,48	0,0013	0,0471	263,2	405,8	669,0	0,6744	1,4447
44	254,87	0,0013	0,0460	264,9	404,0	668,0	0,6774	1,4424
45	256,23	0,0013	0,0449	266,5	402,2	668,7	0,6804	1,4400
46	257,56	0,0013	0,0439	268,0	400,5	668,5	0,6833	1,4377
47	258,88	0,0013	0,0429	269,6	398,7	668,3	0,6862	1,4355
48	260,17	0,0013	0,0420	271,1	397,0	668,1	0,6890	1,4332
49	261,45	0,0013	0,0411	272,6	395,3	667,9	0,6918	1,4310

32 Termodinâmica

(*continuação*)

Pressão (abs.)	Temp.	Volume específico		Entalpia			Entropia	
		Líq. sat.	Vapor sat.	Líq. sat.	Calor latente	Vapor sat.	Líq. sat.	Vapor sat.
p	t	v_L	v_V	h_L	Δh	h_V	s_L	s_V
kgf/cm^2	°C	m^3/kg		kcal/kg			kcal/kg.K	
50	262,70	0,0013	0,0402	274,1	393,6	667,7	667,7	1,4289
55	268,70	0,0013	0,0363	281,3	385,2	666,5	0,7076	1,4184
60	274,29	0,0013	0,0331	288,2	377,0	665,2	0,7199	1,4086
65	279,54	0,0013	0,0303	294,7	369,1	663,8	0,7314	1,3993
70	284,48	0,0013	0,0279	300,9	361,4	662,3	0,7423	1,3904
75	289,17	0,0014	0,0258	306,9	353,8	660,7	0,7527	1,3819
80	293,62	0,0014	0,0240	312,6	346,4	659,0	0,7627	1,3738
85	297,86	0,0014	0,0224	318,2	339,1	657,3	0,7722	1,3659
90	301,92	0,0014	0,0209	323,6	331,9	655,5	0,7814	1,3584
95	305,80	0,0014	0,0196	328,9	324,7	653,6	0,7902	1,3511
100	309,53	0,0014	0,0185	334,1	317,6	651,7	0,7988	1,3440
110	316,58	0,0015	0,0164	344,0	303,7	647,7	0,8152	1,3302
120	323,15	0,0015	0,0147	353,7	289,3	643,0	0,8309	1,3160
130	329,30	0,0016	0,0132	363,1	274,4	637,5	0,8460	1,3015
140	335,09	0,0016	0,0118	372,4	259,2	631,6	0,8607	1,2868
150	340,56	0,0016	0,0107	381,6	243,5	625,1	0,8751	1,2719
160	345,74	0,0017	0,0096	390,8	227,5	618,3	0,8895	1,2571
170	350,66	0,0018	0,0087	400,2	210,6	610,8	0,9042	1,2419
180	355,35	0,0018	0,0078	410,2	192,8	603,0	0,9191	1,2259
190	359,82	0,0019	0,0070	420,5	173,0	593,5	0,9346	1,2079
200	364,08	0,0020	0,0062	431,5	150,7	582,2	0,9516	1,1880
210	368,16	0,0021	0,0054	444,7	123,1	567,8	0,9711	1,1631
220	372,1	0,0024	0,0044	463,6	81,9	545,5	0,9995	1,1264
225,65	374,15	0,0032		501,5			1,058	

VAPOR DE ÁGUA SUPERAQUECIDO

Pres. Temp.	1 kgf/cm²			2 kgf/cm²			3 kgf/cm²		
t	v	h	s	v	h	s	v	h	s
°C	$\dfrac{m^3}{kg}$	$\dfrac{kcal}{kg}$	$\dfrac{kcal}{kg.K}$	$\dfrac{m^3}{kg}$	$\dfrac{kcal}{kg}$	$\dfrac{kcal}{kg.K}$	$\dfrac{m^3}{kg}$	$\dfrac{kcal}{kg}$	$\dfrac{kcal}{kg.K}$
100	1,730	638,9	1,7595	-	-	-	-	-	-
110	1,780	644,2	1,7734	-	-	-	-	-	-
120	1,830	649,1	1,7860	0,9025	646,0	1,7030	-	-	-
130	1,879	653,9	1,7980	0,9291	651,6	1,7171	-	-	-
140	1,927	658,6	1,8095	0,9546	656,8	1,7298	-	-	-
150	1,975	663,3	1,8207	0,9795	661,7	1,7416	0,6472	659,9	1,6935
160	2,024	667,9	1,8317	1,004	666,5	1,7529	0,6643	665,0	1,7055
170	2,072	672,6	1,8423	1,029	671,3	1,7638	0,6811	670,0	1,7168
180	2,119	677,3	1,8528	1,053	676,1	1,7745	0,6977	674,9	1,7278
190	2,167	382,0	1,8630	1,078	680,9	1,7849	0,7142	679,8	1,7384
200	2,215	686,7	1,8730	1,102	685,6	1,7950	0,7306	684,6	1,7487
210	2,263	691,4	1,8829	1,126	690,4	1,8050	0,7470	689,4	1,7588
220	2,310	696,1	1,8925	1,150	695,2	1,8147	0,7633	694,2	1,7687
230	2,358	700,8	1,9020	1,174	699,9	1,8243	0,7796	699,1	1,7783
240	2,406	705,5	1,9113	1,198	704,7	1,8337	0,7958	703,9	1,7878
250	2,453	710,3	1,9204	1,222	709,5	1,8429	0,8119	708,7	1,7971
260	2,501	715,0	1,9294	1,246	714,3	1,8520	0,8281	713,5	1,8063
270	2,548	719,8	1,9383	1,270	719,1	1,8609	0,8442	718,4	1,8153
280	2,596	724,5	1,9470	1,294	723,9	1,8697	0,8603	723,2	1,8241
290	2,643	729,3	1,9555	1,318	728,7	1,8783	0,8763	728,1	1,8328
300	2,690	734,1	1,9640	1,342	733,5	1,8868	0,8923	732,9	1,8413
310	2,738	738,9	1,9723	1,366	738,3	1,8952	0,9083	737,8	1,8497
320	2,785	743,7	1,9805	1,390	743,2	1,9034	0,9243	742,6	1,8580
330	2,833	748,4	1,9886	1,413	748,0	1,9115	0,9403	747,5	1,8662
340	2,880	753,4	1,9965	1,437	752,9	1,9195	0,9562	752,4	1,8742
350	2,927	758,3	2,0044	1,461	757,8	1,9274	0,9722	757,3	1,8822
360	2,974	763,1	2,0121	1,485	762,7	1,9352	0,9881	762,2	1,8900
370	3,022	768,0	2,0198	1,508	767,6	1,9429	1,001	767,2	1,8977
380	3,069	772,9	2,0274	1,532	772,5	1,9505	1,020	772,1	1,9053
390	3,116	777,8	2,0348	1,556	777,4	1,9580	1,036	777,1	1,9128
400	3,163	782,8	2,0422	1,580	782,4	1,9654	1,052	782,0	1,9203
410	3,211	787,7	2,0495	1,603	783,4	1,9727	1,068	787,0	1,9276
420	3,258	792,7	2,0567	1,627	792,3	1,9799	1,083	792,0	1,9349
430	3,305	797,7	2,0638	1,651	797,3	1,9871	1,099	797,0	1,9420
440	3,352	802,6	2,0709	1,674	802,3	1,9941	1,115	802,0	1,9491

34   Termodinâmica

(*continuação*)

Pres. Temp.	1 kgf/cm²			2 kgf/cm²			3 kgf/cm²		
t	v	h	s	v	h	s	v	h	s
°C	$\dfrac{m^3}{kg}$	$\dfrac{kcal}{kg}$	$\dfrac{kcal}{kg.K}$	$\dfrac{m^3}{kg}$	$\dfrac{kcal}{kg}$	$\dfrac{kcal}{kg.K}$	$\dfrac{m^3}{kg}$	$\dfrac{kcal}{kg}$	$\dfrac{kcal}{kg.K}$
450	3,400	807,7	2,0778	1,698	807,3	2,0011	1,131	807,0	1,9561
460	3,447	812,7	2,0847	1,722	812,4	2,0080	1,147	812,1	1,9630
470	3,494	817,7	2,0916	1,745	817,4	2,0149	1,162	817,1	1,9699
480	3,541	822,8	2,0983	1,769	822,5	2,0216	1,178	822,2	1,9767
490	3,588	827,8	2,1050	1,793	827,6	2,0283	1,194	827,3	1,9834
500	3,635	832,9	2,1116	1,816	832,7	2,0350	1,210	832,4	1,9900
510	3,683	838,9	2,1182	1,840	837,8	2,0415	1,226	837,5	1,9966
520	3,730	843,1	2,1247	1,864	842,9	2,0480	1,241	842,6	2,0031
530	3,777	848,3	2,1311	1,887	848,0	2,0545	1,257	847,8	2,0096
540	3,824	853,4	2,1375	1,911	853,2	2,0609	1,273	853,0	2,0160
550	3,871	858,6	2,1438	1,934	858,4	2,0672	1,289	858,1	2,0223
600	4,107	884,7	2,1745	2,052	884,5	2,0980	1,368	884,3	2,0531
650	4,342	911,1	2,2040	2,170	911,0	2,1259	1,446	910,8	2,0827
700	4,578	938,0	2,2324	2,288	937,9	2,1559	1,525	937,8	2,1111
800	5,049	993,1	2,2863	2,524	993,0	2,2098	1,682	992,9	2,1650

VAPOR DE ÁGUA SUPERAQUECIDO

Pres. Temp.	4 kgf/cm²			5 kgf/cm²			7,5 kgf/cm²		
t	v	h	s	v	h	s	v	h	s
°C	$\dfrac{m^3}{kg}$	$\dfrac{kcal}{kg}$	$\dfrac{kcal}{kg.K}$	$\dfrac{m^3}{kg}$	$\dfrac{kcal}{kg}$	$\dfrac{kcal}{kg.K}$	$\dfrac{m^3}{kg}$	$\dfrac{kcal}{kg}$	$\dfrac{kcal}{kg.K}$
150	0,4806	657,8	1,6577	-	-	-	-	-	-
160	0,4941	663,3	1,6707	0,3917	661,4	1,6425	-	-	-
170	0,5071	668,6	1,6826	0,4026	667,0	1,6553	0,2627	662,3	1,6020
180	0,5199	673,6	1,6939	0,4131	672,3	1,6671	0,2704	668,5	1,6158
190	0,5325	678,6	1,7048	0,4234	677,4	1,6782	0,2778	674,2	1,6282
200	0,5450	683,5	1,7153	0,4337	682,4	1,6890	0,2850	679,6	1,6397
210	0,5575	688,4	1,7256	0,4438	687,4	1,6994	0,2921	684,8	1,6506
220	0,5699	393,3	1,7356	0,4538	692,4	1,7096	0,2990	690,1	1,6612
230	0,5822	398,2	1,7454	0,4638	697,3	1,7195	0,3059	695,1	1,6714
240	0,5945	703,1	1,7549	0,4738	702,2	1,7291	0,3127	700,1	1,6814
250	0,6068	707,9	1,7643	0,4837	707,1	1,7386	0,3195	705,2	1,6911
260	0,6190	712,8	1,7736	0,4935	712,1	1,7479	0,3263	710,2	1,7007
270	0,6312	717,7	1,7826	0,5034	717,0	1,7571	0,3330	715,2	1,7100
280	0,6433	722,5	1,7915	0,5132	721,9	1,7660	0,3396	720,2	1,7191
290	0,6555	727,4	1,8003	0,5230	726,8	1,7748	0,3463	725,2	1,7281
300	0,6676	732,3	1,8089	0,5327	731,7	1,7835	0,3529	730,2	1,7368
310	0,6797	737,2	1,8173	0,5424	736,6	1,7920	0,3595	735,2	1,7455
320	0,6917	742,1	1,8256	0,5522	741,6	1,8004	0,3661	740,2	1,7540
330	0,7038	747,0	1,8338	0,5619	746,5	1,8086	0,3726	745,2	1,7623
340	0,7158	751,8	1,8419	0,5715	751,4	1,8167	0,3792	750,2	1,7705
350	0,7278	756,8	1,8499	0,5812	756,4	1,8247	0,3857	755,2	1,7786
360	0,7398	761,8	1,8578	0,5908	761,3	1,8326	0,3922	760,2	1,7866
370	0,7518	766,7	1,8655	0,6005	766,3	1,8404	0,3987	765,2	1,7945
380	0,7638	771,7	1,8731	0,6101	771,3	1,8481	0,4052	770,2	1,8022
390	0,7757	776,7	1,8807	0,6197	776,3	1,8557	0,4116	775,3	1,8099
400	0,7877	781,6	1,8881	0,6293	781,3	1,8631	0,4181	780,3	1,8174
410	0,7996	786,6	1,8955	0,6389	786,3	1,8705	0,4245	785,3	1,8248
420	0,8115	791,6	1,9028	0,6484	791,3	1,8778	0,4310	790,4	1,8322
430	0,8235	796,6	1,9100	0,6580	796,3	1,8850	0,4374	795,5	1,8394
440	0,8354	801,7	1,9171	0,6676	801,3	1,8921	0,4438	800,5	1,8466
450	0,8473	806,7	1,9241	0,6771	806,4	1,8992	0,4503	805,6	1,8537
460	0,8592	811,8	1,9310	0,6867	811,5	1,9061	0,4567	810,7	1,8607
470	0,8711	816,8	1,9379	0,6962	816,5	1,9130	0,4631	815,8	1,8676
480	0,8829	821,9	1,9447	0,7057	821,6	1,9198	0,4695	820,9	1,8744
490	0,8948	827,0	1,9514	0,7153	826,8	1,9266	0,4758	826,1	1,8812

36 Termodinâmica

(*continuação*)

Pres. Temp.	4 kgf/cm²			5 kgf/cm²			7,5 kgf/cm²		
t	v	h	s	v	h	s	v	h	s
°C	$\dfrac{m^3}{kg}$	$\dfrac{kcal}{kg}$	$\dfrac{kcal}{kg.K}$	$\dfrac{m^3}{kg}$	$\dfrac{kcal}{kg}$	$\dfrac{kcal}{kg.K}$	$\dfrac{m^3}{kg}$	$\dfrac{kcal}{kg}$	$\dfrac{kcal}{kg.K}$
500	0,9067	832,1	1,9581	0,7248	831,9	1,9332	0,4822	831,2	1,8879
510	0,9186	837,3	1,9647	0,7343	837,0	1,9398	0,4886	836,4	1,8945
520	0,9304	842,4	1,9712	0,7438	842,2	1,9464	0,4950	841,6	1,9011
530	0,9423	847,6	1,9776	0,7533	847,3	1,9528	0,5014	846,7	1,9076
540	0,9541	852,7	1,9840	0,7628	852,5	1,9592	0,5077	851,9	1,9140
550	0,9660	857,9	1,9904	0,7723	857,7	1,9656	0,5141	857,2	1,9204
560	0,9778	863,1	1,9967	0,7818	862,9	1,9719	0,5204	862,4	1,9267
570	0,9897	868,3	2,0067	0,7913	868,1	1,9781	0,5268	867,6	1,9330
580	1,002	873,6	2,0091	0,8008	873,4	1,9343	0,5331	872,9	1,9392
590	1,013	878,8	2,0152	0,8103	878,6	1,9904	0,5395	878,1	1,9453
600	1,025	884,1	2,0213	0,8198	883,9	1,9965	0,5458	883,4	1,9514
650	1,084	910,7	2,0508	0,8671	910,5	2,0261	0,5775	910,1	1,9811
700	1,143	937,6	2,0793	0,9144	937,5	2,0545	0,6091	937,1	2,0096
750	1,202	965,0	2,1067	0,9617	964,9	2,0820	0,6407	964,6	2,0371
800	1,261	992,8	2,1332	1,009	992,7	2,1085	0,6723	992,4	2,0637

VAPOR DE ÁGUA SUPERAQUECIDO

Pres. Temp.	10 kgf/cm²			15 kgf/cm²			20 kgf/cm²		
t	v	h	s	v	h	s	v	h	s
°C	$\dfrac{m^3}{kg}$	$\dfrac{kcal}{kg}$	$\dfrac{kcal}{kg.K}$	$\dfrac{m^3}{kg}$	$\dfrac{kcal}{kg}$	$\dfrac{kcal}{kg.K}$	$\dfrac{m^3}{kg}$	$\dfrac{kcal}{kg}$	$\dfrac{kcal}{kg.K}$
180	0,1986	663,9	1,5757	-	-	-	-	-	-
190	0,2047	670,5	1,5901	-	-	-	-	-	-
200	0,2105	676,4	1,6028	0,1355	668,8	1,5451	-	-	-
210	0,2161	682,0	1,6145	0,1397	675,6	1,5593	-	-	-
220	0,2215	687,4	1,6256	0,1438	681,8	1,5721	0,1046	675,2	1,5297
230	0,2269	692,7	1,6362	0,1477	687,7	1,5839	0,1078	682,0	1,5432
240	0,2322	698,0	1,6465	0,1515	693,4	1,5951	0,1109	688,3	1,5557
250	0,2374	703,1	1,6565	0,1552	698,9	1,6057	0,1139	694,3	1,5673
260	0,2426	708,3	1,6663	0,1588	704,4	1,6161	0,1169	700,2	1,5783
270	0,2477	713,4	1,6758	0,1624	709,7	1,6260	0,1197	705,9	1,5889
280	0,2528	718,5	1,6851	0,1660	715,1	1,6358	0,1225	711,5	1,5991
290	0,2579	723,6	1,6942	0,1695	720,3	1,6452	0,1253	717,0	1,6090
300	0,2630	728,7	1,7032	0,1730	725,6	1,6545	0,1280	722,4	1,6186
310	0,2680	733,8	1,7119	0,1765	730,8	1,6635	0,1307	727,8	1,6280
320	0,2730	738,8	1,7206	0,1800	736,0	1,6724	0,1334	733,2	1,6371
330	0,2780	743,9	1,7290	0,1834	741,2	1,6811	0,1360	738,6	1,6461
340	0,2830	748,9	1,7373	0,1868	746,4	1,6895	0,1387	743,9	1,6548
350	0,2879	754,0	1,7455	0,1902	751,6	1,6980	0,1413	749,2	1,6634
360	0,2929	759,1	1,7536	0,1936	456,8	1,7062	0,1439	754,5	1,6718
370	0,2978	764,1	1,7615	0,1969	761,9	1,7143	0,1465	759,7	1,6801
380	0,3027	769,2	1,7693	0,2003	767,1	1,7223	0,1490	765,0	1,6882
390	0,3076	774,3	1,7770	0,2036	772,3	1,7301	0,1516	770,2	1,6962
400	0,3125	779,3	1,7846	0,2069	777,4	1,7378	0,1541	775,5	1,7040
410	0,3174	784,4	1,7921	0,2102	782,6	1,7455	0,1566	780,7	1,7117
420	0,3223	789,5	1,7995	0,2135	787,7	1,7530	0,1592	786,0	1,7194
430	0,3271	794,6	1,8068	0,2168	792,9	1,7604	0,1617	791,2	1,7269
440	0,3320	799,7	1,8140	0,2201	798,1	1,7677	0,1642	796,5	1,7343
450	0,3368	804,8	1,8212	0,2234	803,3	1,7749	0,1667	801,7	1,7416
460	0,3417	810,0	1,8282	0,2267	808,5	1,7820	0,1692	806,9	1,7488
470	0,3465	815,1	1,8352	0,2299	813,6	1,7890	0,1716	812,2	1,7559
480	0,3515	820,2	1,8420	0,2332	818,8	1,7929	0,1741	817,4	1,7629
490	0,3561	825,4	1,8489	0,2364	824,1	1,8029	0,1766	822,7	1,7698
500	0,3610	830,6	1,8556	0,2397	829,3	1,8096	0,1790	828,0	1,7767
510	0,3658	835,8	1,8622	0,2429	834,5	1,8164	0,1815	833,2	1,7835
520	0,3706	840,9	1,8688	0,2462	839,7	1,8230	0,1839	838,5	1,7902
530	0,3754	846,2	1,8754	0,2494	845,0	1,8296	0,1864	843,8	1,7968
540	0,3802	851,4	1,8818	0,2526	850,2	1,8361	0,1888	849,1	1,8033

38 Termodinâmica

(continuação)

t	10 kgf/cm²			15 kgf/cm²			20 kgf/cm²		
	v	h	s	v	h	s	v	h	s
°C	$\dfrac{m^3}{kg}$	$\dfrac{kcal}{kg}$	$\dfrac{kcal}{kg.K}$	$\dfrac{m^3}{kg}$	$\dfrac{kcal}{kg}$	$\dfrac{kcal}{kg.K}$	$\dfrac{m^3}{kg}$	$\dfrac{kcal}{kg}$	$\dfrac{kcal}{kg.K}$
550	0,3850	856,6	1,8882	0,2558	855,5	1,8425	0,1913	854,4	1,8098
560	0,3897	861,9	1,8945	0,2591	860,8	1,8489	0,1937	859,7	1,8162
570	0,3945	867,1	1,9008	0,2623	866,1	1,8552	0,1961	865,1	1,8226
580	0,3993	872,4	1,9070	0,2655	871,4	1,8615	0,1986	870,4	1,8289
590	0,4041	877,7	1,9132	0,2687	876,7	1,8677	0,2010	875,7	1,8351
600	0,4089	883,0	1,9193	0,2719	882,0	1,8738	0,2034	881,1	1,8413
650	0,4327	909,7	1,9491	0,2879	908,9	1,9037	0,2155	900,1	1,8713
700	0,4565	936,8	1,9776	0,3038	936,1	1,9324	0,2275	935,4	1,9001
750	0,4802	964,3	2,0052	0,3197	963,6	1,9600	0,2395	963,0	1,9278
800	0,5039	992,1	2,0317	0,3356	991,6	1,9867	0,2514	991,0	1,9546

VAPOR DE ÁGUA SUPERAQUECIDO

Pres. Temp.	25 kgf/cm²			30 kgf/cm²			40 kgf/cm²		
t	v	h	s	v	h	s	v	h	s
°C	$\dfrac{m^3}{kg}$	$\dfrac{kcal}{kg}$	$\dfrac{kcal}{kg.K}$	$\dfrac{m^3}{kg}$	$\dfrac{kcal}{kg}$	$\dfrac{kcal}{kg.K}$	$\dfrac{m^3}{kg}$	$\dfrac{kcal}{kg}$	$\dfrac{kcal}{kg.K}$
230	0,0836	675,4	1,5080	-	-	-	-	-	-
240	0,0864	682,6	1,5222	0,0699	676,1	1,4918	-	-	-
250	0,0891	689,3	1,5352	0,0723	683,7	1,5065	0,0509	670,2	1,4536
260	0,0916	695,6	1,5472	0,0746	690,7	1,5197	0,0530	679,1	1,4704
270	0,0940	701,7	1,5585	0,0768	697,3	1,5320	0,0550	387,2	1,4854
280	0,0964	707,7	1,5693	0,0789	703,6	1,5435	0,0568	694,6	1,4990
290	0,0987	713,5	1,5797	0,0809	709,7	1,5545	0,0586	701,6	1,5115
300	0,1010	719,2	1,5897	0,0829	715,7	1,5650	0,0602	708,3	1,5233
310	0,1032	724,8	1,5994	0,0849	721,6	1,5752	0,0618	714,8	1,5345
320	0,1054	730,3	1,6089	0,0868	727,3	1,5850	0,0634	721,0	1,5451
330	0,1076	735,8	1,6181	0,0887	733,0	1,5945	0,0649	727,2	1,5554
340	0,1098	741,3	1,6271	0,0905	738,7	1,6037	0,0664	733,2	1,5652
350	0,1119	746,7	1,6359	0,0924	744,2	1,6128	0,0679	739,1	1,5748
360	0,1141	752,1	1,6445	0,0942	749,8	1,6216	0,0693	744,9	1,5841
370	0,1162	757,5	1,6529	0,0960	755,3	1,6302	0,0707	750,7	1,5831
380	0,1183	762,9	1,6612	0,0978	760,7	1,6386	0,0721	756,4	1,6019
390	0,1204	768,2	1,6693	0,0995	766,2	1,6469	0,0735	762,0	1,6105
400	0,1224	773,6	1,6773	0,1013	771,6	1,6550	0,0749	767,6	1,6189
410	0,1245	778,9	1,6851	0,1031	777,0	1,6630	0,0762	773,2	1,6272
420	0,1265	784,2	1,6929	0,1048	782,4	1,6709	0,0776	778,8	1,6353
430	0,1286	789,5	1,7005	0,1065	787,8	1,6786	0,0789	784,3	1,6432
440	0,1306	794,8	1,7080	0,1082	793,2	1,6862	0,0803	789,9	1,6510
450	0,1326	800,1	1,7154	0,1099	798,5	1,6936	0,0816	795,4	1,6587
460	0,1347	805,4	1,7226	0,1117	803,9	1,7010	0,0829	800,9	1,6662
470	0,1367	810,7	1,7298	0,1133	809,3	1,7083	0,0842	806,3	1,6736
480	0,1387	816,0	1,7369	0,1150	814,6	1,7154	0,0855	811,8	1,6809
490	0,1407	821,4	1,7439	0,1167	820,2	1,7225	0,0868	817,3	1,6882
500	0,1427	826,7	1,7508	0,1184	825,4	1,7295	0,0881	822,7	1,6953
510	0,1446	832,0	1,7577	0,1201	830,7	1,7364	0,0894	828,2	1,7023
520	0,1466	837,3	1,7644	0,1217	836,1	1,7432	0,0906	833,7	1,7092
530	0,1486	842,6	1,7711	0,1234	841,5	1,7499	0,0919	839,1	1,7160
540	0,1506	848,0	1,7777	0,1251	846,8	1,7566	0,0932	844,6	1,7228
550	0,1525	853,3	1,7842	0,1267	852,2	1,7632	0,0944	850,0	1,7295
560	0,1545	858,7	1,7907	0,1284	857,6	1,7697	0,0957	855,5	1,7361
570	0,1565	864,0	1,7971	0,1300	863,0	1,7761	0,0970	860,9	1,7426
580	0,1584	869,4	1,8034	0,1317	868,4	1,7825	0,0982	866,4	1,7490
590	0,1604	874,8	1,8097	0,1333	873,8	1,7888	0,0995	871,9	1,7554

40 Termodinâmica

(*continuação*)

Pres. Temp.	25 kgf/cm²			30 kgf/cm²			40 kgf/cm²		
t	v	h	s	v	h	s	v	h	s
°C	$\dfrac{m^3}{kg}$	$\dfrac{kcal}{kg}$	$\dfrac{kcal}{kg.K}$	$\dfrac{m^3}{kg}$	$\dfrac{kcal}{kg}$	$\dfrac{kcal}{kg.K}$	$\dfrac{m^3}{kg}$	$\dfrac{kcal}{kg}$	$\dfrac{kcal}{kg.K}$
600	0,1623	880,2	1,8159	0,1349	879,2	1,7950	0,1007	877,4	1,7617
610	0,1643	885,6	1,8221	0,1366	884,7	1,8012	0,1019	882,8	1,7679
620	0,1662	891,0	1,8281	0,1382	890,1	1,8073	0,1032	888,3	1,7741
630	0,1682	896,4	1,8342	0,1398	895,5	1,8134	0,1044	893,8	1,7803
640	0,1701	901,8	1,8402	0,1415	901,0	1,8194	0,1057	899,3	1,7863
650	0,1721	907,3	1,8464	0,1432	906,5	1,8253	0,1069	904,9	1,7923
700	0,1817	934,7	1,8750	0,1512	934,0	1,8544	0,1130	932,9	1,8216
750	0,1913	962,4	1,9028	0,1593	961,8	1,8822	0,1191	960,5	1,8496
800	0,2009	990,5	1,9296	0,1673	989,9	1,9091	0,1252	988,8	1,8766

VAPOR DE ÁGUA SUPERAQUECIDO

Pres. Temp.	50 kgf/m²			100 kgf/cm²			200 kgf/cm²		
t	v	h	s	v	h	s	v	h	s
°C	$\dfrac{m^3}{kg}$	$\dfrac{kcal}{kg}$	$\dfrac{kcal}{kg.K}$	$\dfrac{m^3}{kg}$	$\dfrac{kcal}{kg}$	$\dfrac{kcal}{kg.K}$	$\dfrac{m^3}{kg}$	$\dfrac{kcal}{kg}$	$\dfrac{kcal}{kg.K}$
270	0,0416	675,0	1,4423	-	-	-	-	-	-
280	0,0433	684,0	1,4588	-	-	-	-	-	-
290	0,0449	692,3	1,4736	-	-	-	-	-	-
300	0,0464	700,0	1,4872	-	-	-	-	-	-
310	0,0479	707,2	1,4997	0,0185	652,4	1,3452	-	-	-
320	0,0492	714,2	1,5115	0,0198	666,3	1,3688	-	-	-
330	0,0506	720,8	1,5227	0,0210	678,6	1,3893	-	-	-
340	0,0519	727,3	1,5333	0,0221	689,6	1,4074	-	-	-
350	0,0531	733,6	1,5435	0,0230	699,6	1,4236	-	-	-
360	0,0543	739,8	1,5534	0,0239	708,0	1,4384	-	-	-
370	0,0555	745,9	1,5629	0,0248	717,6	1,4519	0,0075	610,8	1,2330
380	0,0567	751,8	1,5721	0,0256	725,7	1,4646	0,0087	639,6	1,2780
390	0,0579	757,7	1,5811	0,0264	733,5	1,4764	0,0096	660,2	1,3080
400	0,0590	763,6	1,5898	0,0271	741,0	1,4876	0,0103	675,7	1,3316
410	0,0606	769,4	1,5983	0,0278	748,2	1,4982	0,0110	689,4	1,3518
420	0,0613	775,1	1,6067	0,0285	755,2	1,5084	0,0115	701,8	1,3699
430	0,0624	780,8	1,6149	0,0292	762,0	1,5181	0,0121	713,2	1,3862
440	0,0635	786,5	1,6229	0,0298	768,7	1,5276	0,0126	723,8	1,4012
450	0,0646	792,2	1,6308	0,0305	775,2	1,5367	0,0131	733,7	1,4150
460	0,0656	797,8	1,6385	0,0311	781,7	1,5455	0,0135	743,1	1,4279
470	0,0667	803,4	1,6461	0,0317	788,0	1,5541	0,0140	752,0	1,4399
480	0,0678	809,1	1,6535	0,0323	794,3	1,5625	0,0144	760,5	1,4513
490	0,0688	814,5	1,6609	0,0329	800,5	1,5707	0,0148	768,7	1,4620
500	0,0699	820,1	1,6681	0,0335	806,6	1,5787	0,0152	776,5	1,4723
510	0,0709	825,7	1,6753	0,0341	812,7	1,5865	0,0155	784,2	1,4822
520	0,0720	831,2	1,6823	0,0346	818,8	1,5942	0,0159	791,7	1,4916
530	0,0730	836,8	1,6893	0,0352	824,8	1,6017	0,0163	799,0	1,5008
540	0,0741	842,3	1,6961	0,0358	830,7	1,6091	0,0166	806,1	1,5096
550	0,0751	847,8	1,7029	0,0363	836,7	1,6163	0,0169	813,1	1,5182
560	0,0761	853,4	1,7096	0,0369	842,6	1,6235	0,0173	820,0	1,5265
570	0,0771	858,9	1,7162	0,0375	484,5	1,6305	0,0176	826,8	1,5346
580	0,0781	864,4	1,7227	0,0380	854,4	1,6375	0,0180	833,5	1,5426
590	0,0792	870,0	1,7291	0,0385	860,2	1,6443	0,0182	840,2	1,5503

42   Termodinâmica

(*continuação*)

t	v	h	s	v	h	s	v	h	s
Pres. \ Temp.	50 kgf/m²			100 kgf/cm²			200 kgf/cm²		
°C	$\dfrac{m^3}{kg}$	$\dfrac{kcal}{kg}$	$\dfrac{kcal}{kg.K}$	$\dfrac{m^3}{kg}$	$\dfrac{kcal}{kg}$	$\dfrac{kcal}{kg.K}$	$\dfrac{m^3}{kg}$	$\dfrac{kcal}{kg}$	$\dfrac{kcal}{kg.K}$
600	0,0802	875,5	1,7355	0,0391	866,1	1,6510	0,0185	846,8	1,5579
610	0,0812	881,0	1,7418	0,0396	871,9	1,6577	0,0188	853,3	1,5653
620	0,0822	886,6	1,7481	0,0402	877,8	1,6642	0,0191	859,8	1,5726
630	0,0832	892,1	1,7542	0,0407	883,6	1,6707	0,0195	866,2	1,5797
640	0,0842	897,7	1,7604	0,0412	889,4	1,6771	0,0197	872,6	1,5868
650	0,0852	903,2	1,7664	0,0418	895,2	1,6834	0,0200	878,9	1,5937
660	0,0862	908,8	1,7724	0,0423	901,0	1,6897	0,0203	885,2	1,6005
670	0,0872	914,4	1,7784	0,0428	906,8	1,6959	0,0206	891,5	1,6072
680	0,0882	920,0	1,7842	0,0433	912,6	1,7020	0,0209	897,7	1,6138
690	0,0892	925,6	1,7901	0,0438	918,4	1,7080	0,0212	904,0	1,6203
700	0,0901	931,2	1,7959	0,0444	924,2	1,7140	0,0215	910,2	1,6267
750	0,0951	959,3	1,8241	0,0469	953,2	1,7431	0,0229	941,0	1,6576
800	0,0999	987,7	1,8512	0,0495	982,3	1,7709	0,0242	971,6	1,6867

VAPOR DE ÁGUA SUPERAQUECIDO

Pres. Temp.	300 kgf/cm²			400 kgf/cm²			500 kgf/cm²		
t	v	h	s	v	h	s	v	h	s
°C	$\dfrac{m^3}{kg}$	$\dfrac{kcal}{kg}$	$\dfrac{kcal}{kg.°C}$	$\dfrac{m^3}{kg}$	$\dfrac{kcal}{kg}$	$\dfrac{kcal}{kg.°C}$	$\dfrac{m^3}{kg}$	$\dfrac{kcal}{kg}$	$\dfrac{kcal}{kg.°C}$
0	0,00099	7,0	0,0003	0,00098	9,3	0,0002	0,00098	11,6	0,0000
10	0,00099	16,8	0,0353	0,00098	19,0	0,0349	0,00098	21,2	0,0345
20	0,00099	26,6	0,0692	0,00098	28,7	0,0686	0,00098	30,8	0,0680
30	0,00099	36,3	0,1020	0,00099	38,4	0,1012	0,00098	40,5	0,1001
40	0,00100	46,1	0,1338	0,00099	48,2	0,1329	0,00099	50,2	0,1319
50	0,00100	56,0	0,1647	0,00100	57,9	0,1636	0,00099	59,9	0,1625
60	0,00100	65,8	0,1946	0,00100	67,7	0,1934	0,00100	69,7	0,1923
70	0,00101	75,6	0,2238	0,00101	77,6	0,2225	0,00100	79,5	0,2212
80	0,00102	85,5	0,2522	0,00101	87,4	0,2507	0,00101	89,2	0,2493
90	0,00102	95,4	0,2798	0,00102	97,2	0,2782	0,00101	99,1	0,2767
100	0,00103	105,3	0,3067	0,00103	107,1	0,3050	0,00102	108,9	0,3034
110	0,00104	115,3	0,3330	0,00103	117,0	0,3312	0,00103	118,7	0,3294
120	0,00105	125,2	0,3587	0,00104	126,9	0,3567	0,00104	128,6	0,3549
130	0,00105	135,2	0,3838	0,00105	136,9	0,3817	0,00104	138,5	0,3797
140	0,00106	145,2	0,4083	0,00106	146,8	0,4061	0,00105	148,4	0,4040
150	0,00107	153,3	0,4324	0,00107	156,8	0,4301	0,00106	158,4	0,4278
160	0,00108	165,4	0,4560	0,00108	166,9	0,4536	0,00107	168,4	0,4512
170	0,00109	175,6	0,4792	0,00109	177,0	0,4766	0,00108	178,4	0,4741
180	0,00111	185,8	0,5020	0,00110	187,1	0,4992	0,00109	188,5	0,4966
190	0,00112	196,1	0,5245	0,00111	197,0	0,5215	0,00110	198,6	0,5187
200	0,00113	206,4	0,5466	0,00112	207,6	0,5435	0,00112	208,8	0,5405
210	0,00115	216,9	0,5684	0,00113	218,0	0,5651	0,00113	219,1	0,5620
220	0,00116	227,4	0,5900	0,00115	228,4	0,5865	0,00114	229,4	0,5831
230	0,00118	238,1	0,6114	0,00117	238,9	0,6076	0,00116	239,8	0,6040
240	0,00119	248,9	0,6326	0,00118	249,6	0,6286	0,00117	250,4	0,6247
250	0,00121	259,8	0,6537	0,00120	260,3	0,6493	0,00119	261,0	0,6452
260	0,00123	270,9	0,6747	0,00122	271,2	0,6700	0,00121	271,7	0,6656
270	0,00125	282,1	0,6956	0,00124	282,3	0,6905	0,00122	282,6	0,6858
280	0,00128	293,6	0,7165	0,00126	293,5	0,7110	0,00124	293,6	0,7059
290	0,00130	305,3	0,7375	0,00128	304,9	0,7314	0,00127	304,8	0,7259
300	0,00133	317,3	0,7586	0,00131	316,5	0,7519	0,00129	316,1	0,7458
310	0,00137	329,6	0,7799	0,00134	328,4	0,7724	0,00132	327,6	0,7658
320	0,00140	342,3	0,8016	0,00137	340,5	0,7931	0,00134	339,4	0,7857
330	0,00145	355,6	0,8237	0,00141	353,0	0,8139	0,00137	351,3	0,8057
340	0,00149	369,4	0,8464	0,00145	365,9	0,8351	0,00141	363,6	0,8259

44 Termodinâmica

(continuação)

Pres. Temp.	300 kgf/cm²			400 kgf/cm²			500 kgf/cm²		
t	v	h	s	v	h	s	v	h	s
°C	$\dfrac{m^3}{kg}$	$\dfrac{kcal}{kg.K}$	$\dfrac{kcal}{kg.°C}$	$\dfrac{m^3}{kg}$	$\dfrac{kcal}{kg.K}$	$\dfrac{kcal}{kg.°C}$	$\dfrac{m^3}{kg}$	$\dfrac{kcal}{kg.K}$	$\dfrac{kcal}{kg.°C}$
350	0,00155	384,1	0,8700	0,00149	379,3	0,8560	0,00145	376,2	0,8460
360	0,00163	399,9	0,8955	0,00155	393,3	0,8790	0,00150	389,1	0,8670
370	0,00172	417,8	0,9235	0,00161	408,2	0,9020	0,00154	402,7	0,8883
380	0,00188	439,5	0,9565	0,00168	424,4	0,9270	0,00160	416,9	0,9100
390	0,00217	470,4	1,0040	0,00179	442,1	0,9540	0,00167	431,8	0,9335
400	0,00301	523,4	1,0835	0,00192	462,3	0,9845	0,00175	447,8	0,9570
450	0,00695	677,8	1,3070	0,00381	604,9	1,1890	0,00254	548,6	1,1015
500	0,00891	740,4	1,3903	0,00575	698,7	1,3146	0,00400	656,4	1,2455
550	0,01040	786,8	1,4486	0,00711	757,8	1,3889	0,00519	728,1	1,3355
600	0,01166	826,2	1,4951	0,00822	804,3	1,4437	0,00617	781,7	1,3987
650	0,01280	862,1	1,5350	0,00918	844,6	1,4886	0,00701	826,6	1,4489
700	0,01385	896,0	1,5708	0,01005	881,6	1,5277	0,00777	866,9	1,4913
750	0,01486	928,8	1,6037	0,01086	916,6	1,5628	0,00846	904,3	1,5289
800	0,01582	961,0	1,6344	0,01162	950,4	1,5951	0,00911	940,0	1,5629

4.4. Exercícios Resolvidos

4.4.1 Sabe-se que uma panela de pressão contém líquido e vapor a 2 kgf/cm² e que o seu volume é de 5 l. Sabendo-se que a massa de água colocada na panela antes de levá-la ao fogo é de 0,5 kg, calcular:

a) volume específico do conjunto;
b) título;
c) massa de líquido e de vapor;
d) volume ocupado pelo líquido e pelo vapor;
e) entalpia e entropia do conjunto, por unidade de massa.

Solução

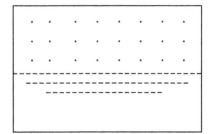

Figura 4.6

a) Conhecendo-se o volume V da panela e a massa total (massa inicial de água), pode-se calcular o volume específico da mistura.

$$v = \frac{V}{m} = \frac{5 \cdot 10^{-3}}{0,5} = 10^{-2} \frac{m^3}{kg}$$

$$v = 0,01 \text{ m}^3/\text{kg}$$

Tabelas de Vapor 45

b) O volume específico acima calculado representa o volume do líquido, acrescido da variação de volume provocada pela vaporização parcial.

$$v = v_L + x \cdot \Delta v$$

Os valores de v_2 e Δv são obtidos na tabela, em função da pressão $p = 2$ kgf/cm^2.

$v_L = 0,001$ m^3/kg (volume específico de líquido saturado).

$\Delta v = 0,9004$ m^3/kg (acréscimo de volume provocado pela vaporização de 1 kg de água).

$$x = \frac{v - v_L}{\Delta v}$$

$$x = \frac{0,010 - 0,001}{0,903} = \frac{0,009}{0,903} = 0,01$$

O título de vapor é 1%.

c) A fórmula para a massa de vapor formado é:

$$x = \frac{m_V}{m_V - m_L} = \frac{m_V}{m}$$

m_V = massa de vapor
m_L = massa do líquido
m = $m_V + m_L$ = massa total
m_V = $x\, m = 0,01 \times 0,5 =$ **0,005 kg** de vapor
m_L = $m - m_V = 0,5 - 0,005 =$ **0,495 kg** do líquido

d) Volume ocupado pelo líquido

$$v_L = \frac{V_L}{m_L}$$

$$V_L = v_L \cdot m_L = 0,001 \times 0,495$$

$$V_L = 0,495 \cdot 10^{-3} = \textbf{0,495 litros}$$

O volume de vapor é a diferença entre o volume total e o volume do líquido.

$$V_V = V - V_L = 5 - 0,495 = 4,505 \text{ litros}$$

e) Entalpia e entropia da mistura
Tendo-se a pressão, pode-se obter na tabela de vapor saturado e líquido saturado os respectivos valores para a entalpia e a entropia.

$h = h_L + x \cdot \Delta h$

$s = s_L + x \cdot \Delta s$ \qquad tabela $\begin{cases} h_L = 119,9 \\ \Delta h = 527 \\ s_L = 0,3639 \\ \Delta_S = 1,3424 \end{cases}$

$p = 2$ kgf/cm^2

$h = 119,9 + 0,01 \times 527 = 119,9 + 5,27$

$h = 125,15$ kcal/kg

$s = 0,3639 + 0,01 \times 1,3424 = 0,3639 + 0,0134$

$s = 0,3773$ kcal/kg.K

4.4.2 Uma mistura de líquido e vapor de água encerrada em um tanque metálico é aquecida a volume constante. Pergunta-se qual deve ser o título da mistura para que ela passe pelo ponto crítico. Sabe-se que o volume do tanque é de 2 m^3 e que a pressão da mistura antes do aquecimento é 2 kgf/cm^2.

Solução:

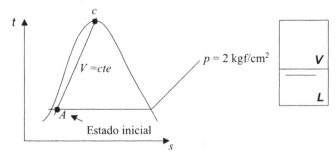

Figura 4.7

Pelo diagrama da Figura 4.7 vemos que é possível determinar o estado do ponto A, pois basta conhecer o volume específico do ponto crítico e a pressão inicial. Lembremos que o processo ocorre a volume constante e que o sistema é fechado (massa constante).

Da tabela de líquido e vapor saturado podemos tirar o valor de $v_{cr} = 0,0032$ m^3/kg.

Esse valor é o último da tabela, pois corresponde a $\Delta h = 0$, isto é, no ponto crítico não há necessidade de calor para vaporizar.

Assim o estado inicial definido pelo ponto A é determinado por $v = 0,0032$ m^3/kg e $p = 2$ kgf/cm^2.

Nessa pressão a tabela fornece:

$$v_L = 0,0011 \text{ m}^3/\text{kg} \qquad v_V = 0,9015 \text{ m}^3/\text{kg}$$

Portanto,

$$\Delta v = v_V - v_L = 0,90158 - 0,0011 = 0,9004 \text{ m}^3/\text{kg}$$

$$v = v_L + x \cdot \Delta v$$

$$x = \frac{v - v_L}{\Delta v} = \frac{0,0032 - 0,0011}{0,9004} = \frac{0,0021}{0,9004}$$

$x = 0,00233$ $\qquad\qquad\qquad\qquad x = 0,233\%$

4.4.3 Sabe-se que um sistema fechado de 5 m³ contém 50 kg de uma mistura de líquido e vapor de água à temperatura de 122,6°C. Calcular:

a) volume específico do líquido;
b) volume específico do vapor;
c) volume específico da mistura;
d) título da mistura.

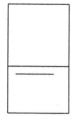

Figura 4.8

Solução:

a) O líquido na presença do vapor é *saturado* e o seu valor encontra-se na tabela.

$$v_L = 0,0011 \text{ m}^3/\text{kg}$$

b) O vapor na presença do líquido é *saturado* e depende da pressão ou da temperatura de saturação.

$tv = 122,6°C$ tabela: $\Delta v = v_V - v_L = 0,8245 - 0,0011 = 0,8234 \text{ m}^3/\text{kg}$

Δv representa o aumento de volume sofrido por 1 kg de água que se vaporiza a uma temperatura determinada. Portanto, o volume ocupado por 1 kg de vapor saturado é a soma do volume do líquido e de Δv.

$$v = v_L + \Delta v = 0,0011 + 0,8234$$

$$v_V = 0,8245 \text{ m}^3/\text{kg}$$

c) O volume específico da mistura é calculado facilmente porque se conhece a massa e o volume total.

$$v = \frac{V}{m} = \frac{5}{50} = 0,1$$

$$v = 0,1 \text{ m}^3/\text{kg}$$

d) O título pode ser calculado pela fórmula

$$v = v_L + x \cdot \Delta v$$

$$x = \frac{v - v_L}{\Delta v} = \frac{0,1 - 0,0011}{0,8234} = 0,1201$$

$$x = 12,01\%$$

4.4.4. Uma mistura de líquido e vapor de água sujeita à pressão de 10 kgf/cm² sofre um processo de descompressão lenta com massa constante, na qual a sua entropia não varia. Sabe-se que a pressão final é 1 kgf/cm² e que a massa e o volume antes da descompressão valem, respectivamente, 5 kg e 0,5 m³.
Pede-se para:

a) traçar diagrama *T.s* da transformação;

b) calcular a entropia do estado inicial;
c) calcular o volume final total da mistura.

Solução:
a)

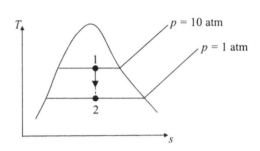

Figura 4.9

b) Entropia no estado inicial

$$s_1 = s_L = x_1 \Delta s \qquad s_L = 0,5085 \text{ kcal/kg.K} \qquad s_V = 1,5742 \text{ kcal/kg.K}$$

$$\Delta s = 1,0657 \text{ kcal/kg.K}$$

O título pode ser calculado por meio do volume específico.

$$v_1 = \frac{V_1}{m} = \frac{0,5}{5} = 0,1 \text{ m}^3/\text{kg}$$

$$v_1 = v_L + x_1 \Delta v = v_L + x_1 (v_v - v_L) \qquad v_L = 0,0011 \text{ m}^3/\text{kg}$$

$$v_V = 0,1980 \text{ m}^3/\text{kg}$$

$$x_1 = \frac{v_1 - v_L}{v} = \frac{0,1 - 0,0011}{(0,1980 - 0,0011)} = 0,5023$$

Portanto,

$$s_1 = s_L + x_1(s_v - s_L)$$
$$s_1 = 0,5085 + 0,5023 \times (1,5742 - 0,5085)$$
$$s_1 = 1,0438 \text{ kcal/kg.K}$$

c) Cálculo do volume final

$$V_2 = mv_2$$
$$v_2 = v_L + x_2 \Delta v = v_L + x_2 (v_v - v_L)$$

$$\text{para } p = 1 \frac{\text{kgf}}{\text{cm}^2} \qquad v_L = 0,0010 \text{ m}^3/\text{kg} \quad v_V = 1,7250 \text{ m}^3/\text{kg}$$

$$\Delta v = 1,7240 \text{ m}^3/\text{kg}$$

O título do estado (2) pode ser calculado por meio da entropia, que é a mesma do estado (1).

$$s_L = s_L + x_2 \Delta s \qquad \therefore \qquad x_2 = \frac{s_2 - s_L}{\Delta s}$$

para $p = 1 \dfrac{kgf}{cm^2}$ $\begin{cases} s_L = 0{,}3095 \text{ kcal/kg.K} \quad s_V = 1{,}7582 \text{ kcal/kg.K} \\ \Delta s = 1{,}4487 \text{ kcal/kg.K} \end{cases}$

$$x_2 = \frac{1{,}0438 - 0{,}3095}{1{,}4487} = \frac{0{,}7343}{1{,}4487} = 0{,}5069$$

$$v_2 = 0{,}0010 + 0{,}5069 \times 1{,}7240$$

$$v_2 = 0{,}8750 \text{ m}^3/\text{kg}$$

Volume total final:

$$V = 5 \times 0{,}8750$$

$$\mathbf{V = 4{,}38 \text{ m}^3}$$

4.4.5 A Figura 4.10 representa uma pedra de gelo, inicialmente à temperatura de –20°C, que é levada até o ponto de fusão a 0°C. A partir desse estado o gelo recebe mais uma quantidade de calor e se transforma em líquido até 100°C, sujeito à pressão de 1 atm. Partindo desse ponto, inicia-se a sua vaporização, que é feita sem mudança de temperatura. Terminada a vaporização, inicia-se um processo de superaquecimento do vapor até 25°C acima da temperatura de ebulição, isto é, até 125°C. Calcular as quantidades de calor envolvidas em cada etapa dessa transformação, sabendo-se que a massa da pedra de gelo é 50 kg.

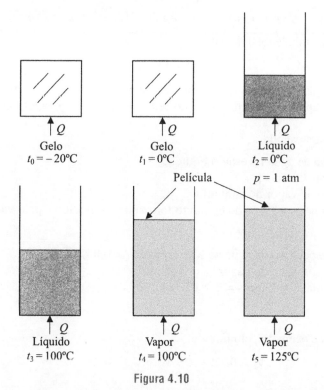

Figura 4.10

50 Termodinâmica

Dados:

Calor sensível do gelo	$c_S = 0,5 \text{ kcal/kg}^\circ\text{C}$
Calor latente de fusão	$c_L = 80 \text{ kcal/kg}$
Calor sensível da água líquida	$c_S = 1 \text{ kcal/kg}^\circ\text{C}$
Calor latente de vaporização	$c_L = 540 \text{ kcal/kg}$
Calor sensível do vapor	$c_S = 0,5 \text{ kcal/kg}^\circ\text{C}$

Solução:

1. Calor necessário para transformar 50 kg de gelo de -20°C a 0°C:

$$Q_1 = m\, c_S\, (t_1 - t_0) = 50 \times 0,5 \times 20 = 500 \text{ kcal}$$

2. Calor necessário para a fusão do gelo:

$$Q_2 = m\, c_L = 50 \times 80 = 4\,000 \text{ kcal}$$

3. Calor necessário para aquecer a água:

$$Q_3 = m\, c_S\, (t_3 - t_2) = 50 \times 1 \times 100 = 5\,000 \text{ kcal}$$

4. Calor necessário para vaporizar totalmente 50 kg de água a pressão constante:

$$Q_4 = m\, c_L = 50 \times 540 = 27\,000 \text{ kcal}$$

5. Calor necessário para superaquecer o vapor:

$$Q_5 = m\, c_S\, (t_5 - t_4) = 50 \times 0,5\, (125 - 100) = 625 \text{ kcal}$$

Quantidade total de calor:

$$Q = 37\,125 \text{ kcal}$$

4.4.6 Uma panela de pressão, em um determinado instante, contém água no estado líquido ocupando a décima parte do seu volume total. O vapor ocupa o restante do volume.

Pede-se para calcular:

a) a massa de água no estado líquido;
b) a massa de vapor;
c) o título de vapor do conjunto;
d) o volume específico do conjunto formado pelo líquido e pelo vapor.

Dados:

Volume específico da água na fase líquida $v_L = 0,001 \text{ m}^3/\text{kg}$
Volume específico do vapor $v_V = 0,15 \text{ m}^3/\text{kg}$
Volume total $V = 2 \text{ litros} = 2 \times 10^{-3} \text{ m}^3$

Solução:

a) Volume ocupado pelo líquido:

$$V_L = 0,1\, V = 0,1 \times 2 \times 10^{-3} = 2 \times 10^{-4} \text{ m}^3$$

Por definição:

$$v_L = \frac{V_L}{m_L} \quad \therefore$$

$$m_L = V_L / v_L = \frac{2 \times 10^{-4}}{10^3} = 0,2 \text{ kg}$$

$$m_L = 0,2 \text{ kg}$$

b) Volume ocupado pelo vapor:

$$V_V = 0,9V = 0,9 \times 2 \times 10^{-3} = 18 \times 10^{-4} \text{ m}^3$$

Por definição:

$$v_V = \frac{V_V}{m_V}$$

Portanto,

$$m_V = \frac{V_V}{v_V} = \frac{18 \times 10^{-4}}{0,15}$$

$$m_V = 0,012 \text{ kg}$$

c) Título de vapor:

$$x = \frac{m_V}{m_L + m_V} = \frac{0,012}{0,200 + 0,012} = 0,0565$$

$$x = 5,65\%$$

d) Volume específico do conjunto que corresponde ao título $x = 5,65\%$:

$$v = \frac{V}{m}$$

Volume total: $V = 2 \times 10^{-3} \text{ m}^3$
Massa total: $m = 0,212 \text{ kg}$

$$v = \frac{2 \times 10^{-3}}{0,212} = 0,00943 \text{ m}^3/\text{kg}$$

$$v = 9,43 \times 10^{-3} \text{ m}^3/\text{kg}$$

4.4.7 Sabe-se que para aquecer 20 kg de água sujeita a uma pressão $p = 1,0 \text{ kgf/cm}^2$, a partir de 25°C, foram consumidas 1 100 kilocalorias. Calcular a temperatura, a entalpia específica e a entropia específica da água após o aquecimento.

Cálculo da temperatura final (t):

$$Q = m \, c \, \Delta t$$

52 Termodinâmica

Para a água a 25°C, $c = 0,9985$ kcal/kg°C.

$$\Delta t = \frac{Q}{m \cdot c} = \frac{1\,100}{20 \times 0,9985} = 55,1°C$$

$$\Delta t = t - t_0 \quad \therefore \quad t = t_0 + \Delta t = 25 + 55,1$$

$$t = 80,1°C$$

Cálculo da entalpia:
Sabemos que a entalpia é aproximadamente igual à energia interna, e esta é igual à quantidade de calor, por unidade de massa, recebida pela água a partir do estado líquido a 0°C.

$$H = Q = m \cdot c \cdot \Delta t$$

$$h = \frac{H}{m} = c \cdot \Delta t = 0,9985\,(80,1 - 0) = 80,0$$

$$h = 80,0 \text{ kcal/kg}$$

Cálculo da entropia:

$$S - S_0 = \int_{T_0}^{T} \frac{dQ}{T} = \int_{T_0}^{T} m \cdot c \frac{dT}{T}$$

$$S - S_0 = m \cdot c \int_{T_0}^{T} \frac{dT}{T} = m \cdot c \ln \frac{T}{T_0}$$

$$S_0 = 0 \quad \text{para } T_0 = 273 \text{ K}$$

$$s = \frac{S}{m} = c \cdot \ln \frac{T}{T_0} = 0,9985 \; \ln \left(\frac{273 + 80}{273} \right)$$

$$s = 0,2566 \text{ kcal/kg.K}$$

4.4.8 Calcular a entropia a partir de 0°C de uma mistura de 0,5 kg de vapor de água e 0,5 kg de líquido, ambos à temperatura de 100°C. Sabe-se que o calor específico da água é 1 kcal/kg.°C e que seu calor latente é $c_L = 540$ kcal/kg.

Solução:

$$S - S_0 = \int_{T_0}^{T} \frac{dQ}{T}$$

$$S_0 = 0 \qquad T_0 = 273 \text{ K}$$

O calor é transferido em duas etapas: a primeira durante o aquecimento da massa total de água, de 273 K até 373 K; a segunda durante a formação de 0,5 kg de vapor a 373 K.

$$Q = \int_{T_0}^{T} m_1 \cdot c \cdot dT + m_2 \cdot c_L$$

$$S = \int_{T_0}^{T} m_1 c \frac{dT}{T} + \frac{m_2 c_L}{T}$$

$$S = m_1 \cdot c \cdot \ln \frac{T}{T_0} + m_2 \frac{c_L}{T}$$

$$S = 1 \cdot 1 \cdot \ln \frac{373}{273} + \frac{0,5 \times 540}{373}$$

$$S = 0,31 + 0,723 = 1,036$$

$$S = 1,036 \text{ kcal} / \text{K}$$

Sendo a massa total $m = 1$ kg:

$$s = \frac{S}{m} = 1,036$$

$$s = 1,036 \text{ kcal/kg.K}$$

4.5. Exercícios Propostos

4.5.1 Um cilindro contém 5 kg de uma mistura de líquido e vapor de água que ocupa um volume de 7,5 m^3 quando sujeito à pressão de 1 kgf/cm^2. Por efeito de uma força externa, o êmbolo é movimentado para baixo sem atrito e lentamente até que a pressão da mistura seja elevada para 10 kgf/cm^2. Em seguida, retira-se calor provocando-se a condensação do vapor em um processo a pressão constante, até reduzir-se o título a 20%.

Pede-se para:

a) calcular o volume específico, o título e a entropia do estado inicial;
b) calcular o título e o volume total do estado intermediário;
c) calcular a variação de entalpia entre o estado intermediário e o final;
d) calcular o volume final.

Resposta:

a) $v_1 = 1,5$ m^3/kg; $x_1 = 0,87$; $s_1 = 1,57$ kcal/kg.K

b) $x_2 = 1,0$; $V_2 = 0,995$ m^3

c) $h = h_2 - h_3 = 385,6$ kcal/kg.

d) $V_3 = 0,202$ m^3

54 Termodinâmica

4.5.2 Sabe-se que em uma determinada situação a substância água ocupa um volume de $2\ m^3$, que a sua entropia específica vale $1{,}79\ kcal/kg.K$ e que a pressão é $5\ kgf/cm^2$. Por meio das tabelas de vapor, verificar:

a) se a água está no estado líquido, de mistura, de vapor saturado ou superaquecido;
b) qual a massa de água.

Resposta: a) Vapor superaquecido   b) 3,58 kg

4.5.3 Uma tubulação transporta $10\ kg/s$ de vapor saturado seco $(x = 100\%)$ à velocidade de $50\ m/s$ e à pressão de $15\ kgf/cm^2$. Sabendo-se que o volume de vapor que passa por uma secção em um segundo pode ser calculado por meio do produto $\overline{V} \cdot A$, onde $\overline{V}$ é a velocidade do vapor em (m/s) e A é a área da secção transversal do tubo em m^2, calcular o diâmetro interno do tubo.

Resposta: $D = 18{,}6\ cm$

4.5.4 O vapor do exercício anterior perde calor para o ambiente, ao longo da tubulação, e sofre uma condensação até o título de 95%. Mantendo-se a mesma tubulação, $D = 18{,}6\ cm$, e o mesmo fluxo de vapor, $10\ kg/s$, calcular a velocidade do vapor, supondo que não haja variação de pressão.

Resposta: $47{,}4\ m/s$

4.5.5 Uma massa de $20\ kg$ de vapor ocupando um volume de $2\ m^3$ está sujeita a uma pressão de $10\ kgf/cm^2$. Essa massa recebe calor e sofre uma elevação isobárica de entropia igual a $0{,}8\ kcal/kg.K$. Calcular a temperatura e o volume final do vapor superaquecido.

Resposta: $t = 480^\circ C$ $V = 7\ m^3$

4.5.6 Um quilograma de uma substância encontra-se no seu estado líquido a $25^\circ C$. Sendo seu calor sensível $c = 3\ kcal/kg^\circ C$ e seu calor latente de vaporização $c_L = 300\ kcal/kg$, calcular as quantidades de calor necessárias para vaporizar, respectivamente, $0{,}3\ kg$ e $1\ kg$ da substância. Sabe-se que o ponto de ebulição é a $170^\circ C$.

Resposta: $Q = 220{,}5\ kcal$ $Q = 735\ kcal$

4.5.7 Calcular a entalpia da água, no estado líquido, por unidade de massa, sabendo que $5\ kg$ dessa água receberam $200\ kcal$ a partir de $25^\circ C$.

Resposta: $h = 65\ kcal/kg$

4.5.8 Um tanque metálico contém $20\ kg$ de uma mistura de líquido e vapor de água. Sabe-se que o título da mistura é de 20%.

Pede-se para:

a) calcular a massa de líquido e de vapor;
b) sendo o volume específico da água no estado líquido $v_L = 0{,}001\ m^3/kg$ e o volume total do tanque $2\ m^3$, calcular o volume ocupado pelo vapor e o volume específico da mistura.

Resposta: a) $m_L = 16\ kg$ $m_V = 4\ kg$
              b) $V_V = 1{,}99\ m^3$ $v = 0{,}1\ m^3/kg$

Tabelas de Vapor 55

4.5.9 Calcular a entalpia e a entropia de uma mistura de líquido e vapor de água, de massa total 1 kg, sendo 40% o título de vapor da mistura. Sabe-se que o calor sensível da água é $c = 1$ kcal/kg°C e que o calor latente de vaporização é 540 kcal/kg.

Resposta: $h = 316$ kcal/kg $\qquad s = 0,88$ kcal/kg.K

4.5.10 Sabe-se que a entropia de 1 kg de uma mistura de líquido e vapor de água vale $s = 0,640$ kcal/kgK, que a temperatura é 100°C, sendo $c_L = 540$ kcal/kg e $c = 1$ kcal/kg.C.

Pede-se para:

a) calcular a entropia de 1 kg de água no estado líquido a 100°C;
b) calcular o acréscimo de entropia que ocorreu durante a fase de vaporização;
c) calcular o título da mistura;
d) calcular a entalpia da mistura.

Resposta: a) $s = 0,31$ kcal/kg.K
b) $\Delta s = 0,33$ kcal/kg.K
c) $x = 22,8\%$
d) $h = 223$ kcal/kg

4.5.11 Uma mistura de líquido e vapor de água ocupa um volume de 20 litros e tem massa total igual a 2 kg. Sabe-se que o título da mistura é de 20% e que o volume específico da fase líquida é $v_L = 0,001$ m³/kg.

Pede-se para:

a) calcular o volume específico da mistura;
b) calcular as massas de líquido e de vapor da mistura;
c) calcular o volume específico do vapor;
d) calcular o volume total ocupado pelo vapor.

Resposta: a) $v = 0,01$ m³/kg
b) $m_L = 1,6$ kg $\qquad m_V = 0,4$ kg
c) $v_V = 0,046$ m³/kg
d) $V_V = 0,0184$ m³

CAPÍTULO 5

CALOR E TRABALHO

5.1 Calor

Já vimos que há várias formas de energia e sabemos que o calor é uma das mais comuns. Entretanto, não temos ainda uma definição mais precisa de calor e também não vimos a diferença conceitual entre calor e trabalho.

Calor é a energia que se transfere de um corpo para outro ou de um ponto para outro de um mesmo corpo, movida somente pela diferença de temperatura. Para haver transferência de calor não há necessidade de massa entre os dois corpos, por exemplo, o calor do Sol que se transfere para a Terra. Por outro lado, quando aquecemos uma extremidade de uma barra metálica com a chama de um maçarico, verificamos que a outra extremidade também se aquece, embora esteja longe da chama. A energia que vai da extremidade aquecida para a outra é denominada calor, porque se movimenta impulsionada pela diferença de temperatura entre as extremidades. Quando as duas extremidades da barra atingem a mesma temperatura, cessa a transferência de calor e o corpo entra em equilíbrio térmico.

5.2 Unidades de Calor

Define-se 1 caloria como a quantidade de calor necessária para elevar a temperatura a 1 grama de água a uma diferença de $1^{\circ}C$. Sendo essa unidade muito pequena, costuma-se usar um múltiplo que é a kilocaloria.

No sistema inglês define-se o BTU (British Thermal Unit) como a quantidade de calor necessária para aquecer 1 libra-massa de água de $1^{\circ}F$.

5.3 Trabalho

Um sistema termodinâmico produz trabalho quando toda energia liberada pode ser convertida no aumento da energia potencial da posição de um outro corpo.

Vejamos por que o calor não se enquadra nessa definição. Imaginemos um cilindro contendo um gás, como indica a Figura 5.1. Esse gás recebe calor de uma fonte externa, se aquece e se dilata, elevando o corpo que está sobre o êmbolo. A energia que entra no gás pode ser considerada em parte, porque o efeito que ela produziu não foi somente a elevação do corpo. Uma parte do calor foi utilizada para aquecimento do gás.

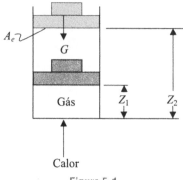

Figura 5.1

Por outro lado, a energia presente no eixo de uma turbina pode ser convertida *totalmente* na elevação da energia potencial de posição de um corpo, como mostra a Figura 5.2.

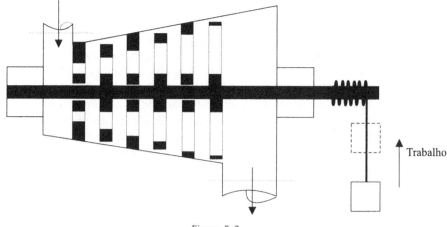

Figura 5.2

A energia liberada pela turbina através do seu eixo enquadra-se, portanto, na definição de trabalho.

Da mesma maneira, a energia necessária para movimentar uma bomba também se enquadra na definição de trabalho. A diferença consiste no sentido em que essa energia se transfere. Na turbina o trabalho se transfere de dentro para fora do sistema.

5.4 Trabalho na Expansão de um Gás

Vejamos como se pode calcular o trabalho produzido por um gás que sofre uma expansão. Já vimos que o gás da Figura 5.1 produz um trabalho que consiste no levantamento do corpo que está sobre o êmbolo. Esse trabalho pode ser calculado por meio do produto do peso do corpo pela diferença de altura $(Z_2 - Z_1)$.

$$W = m \cdot g \,(Z_2 - Z_1) \tag{5.1}$$

Para que toda a energia utilizada na expansão do gás seja convertida no levantamento do corpo é necessário que sejam admitidas duas hipóteses:

a) Que a expansão do gás seja muito lenta, ou seja, uma expansão quase estática. Essa hipótese garante que o gás, ao se transformar do estado inicial ao final, passe por uma sucessão de estados intermediários perfeitamente definidos.
b) Ausência de atrito no sistema, o que acarretaria um trabalho adicional, além daquele necessário para o levantamento do corpo.

Admitidas essas duas hipóteses, podemos afirmar que o trabalho de expansão do gás é o da equação 5.1. Vamos então procurar uma expressão para esse trabalho em função das propriedades do gás. A pressão do gás pode ser calculada por meio do peso do corpo dividido pela área do êmbolo.

$$p = \frac{m \cdot g}{A_e}$$

$$W = p \cdot A_e \cdot (Z_2 - Z_1)$$

$$A_e(Z_2 - Z_1) = V_2 - V_1$$

$$W = p \, (V_2 - V_1)$$

O volume V do gás pode ser calculado por meio do produto da sua massa pelo volume específico.

$$V_1 = m \, v_1 \qquad\qquad V_2 = m \, v_2$$

$$\boxed{W = m \, p \, (v_2 - v_1)} \qquad (5.2)$$

A equação 5.2 somente se aplica no caso da dilatação de um gás sob pressão constante. Se a pressão for variável, como no exemplo da Figura 5.3, a expressão para o cálculo do trabalho é obtida por meio de uma integral.

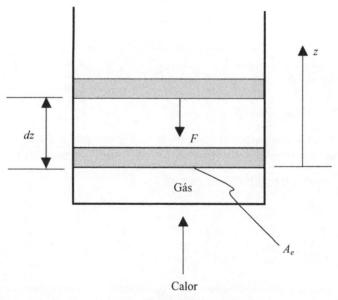

Figura 5.3

A cada deslocamento elementar dz do êmbolo corresponde um trabalho $dW = F.dz$. Admitindo-se a hipótese da expansão quase estática, em cada estado intermediário a pressão do gás está perfeitamente definida e pode ser calculada por meio da força da mola dividida pela área do êmbolo.

$$p = \frac{F}{A_e}$$

$$dW = p \cdot A_e \cdot dv = p \cdot dV,$$

mas $dV = m\, dv$ e resulta:

$$dW = m\, p\, dv$$

$$\boxed{W = m\int_1^2 p\, dv} \tag{5.3}$$

Se representamos em um diagrama $p \cdot v$ a transformação sofrida pelo gás da Figura 5.3, verificamos que a área hachurada da Figura 5.4 representa o trabalho do gás por unidade de massa.

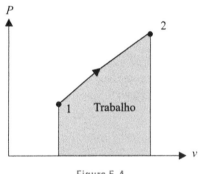

Figura 5.4

5.5 Regime Permanente

Se as propriedades das partículas que passam por um ponto do sistema permanecem constantes durante um intervalo de tempo, então o regime é permanente no ponto.

$\overline{V}_{(t_0)}$ = Velocidade no ponto P no instante t_0.

$\overline{V}_{(t_0)} = \overline{V}_{(t_1)} = VP_{(t_2)} = ...$

$T_{(t_0)} = T_{(t_1)} = TP_{(t_2)} = ...$

$U_{(t_0)} = U_{(t_1)} = UP_{(t_2)} = ...$

Quando o regime é permanente todas as propriedades são constantes, isto é, não variam de um instante para outro, porém podem sofrer variações de um ponto a outro do sistema.

Na Figura 5.5 as velocidades são diferentes nos pontos A e B, porém, se em cada ponto eles permanecem inalteradas, o regime é *permanente*.

A velocidade em cada ponto dependerá da altura h da coluna de água.

Se h é constante, resulta $\overline{V}_A$ e $\overline{V}_B$ constantes e o regime é permanente, apesar de as velocidades $\overline{V}_A$ e $\overline{V}_B$ serem diferentes.

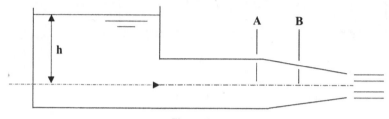

Figura 5.5

Sendo h variável, a velocidade V_A deve variar em função da altura h, e o regime é *variado* nos pontos A e B.

5.6 Exercícios Resolvidos

5.6.1 Calcular o trabalho realizado por um gás que se expande movimentando um êmbolo de massa desprezível no qual atua uma mola. A força exercida pela mola é calculada pela equação $F = K \cdot Z$, sendo $Z = 0$ a posição do êmbolo na qual a pressão do gás é igual à pressão externa (ver Figura 5.3).

$$W = m \int_{Z=0}^{Z} p\,dv, \quad \text{mas} \quad m \cdot dv = dV = A_e \cdot dZ$$

$$W = \int_{Z=0}^{Z} \frac{F}{A_e}\, d\,V = \int_{Z=0}^{Z} \frac{F \cdot A_e}{A_e} \cdot dZ = \int_{Z=0}^{Z} F \cdot dZ$$

$$W = \int_{Z=0}^{Z} KZ \cdot dZ \quad \therefore \quad W = K\frac{Z^2}{2}$$

5.6.2 Um gás contido em um cilindro sofre inicialmente um aquecimento, mantendo-se constante o seu volume. Em seguida, ele sofre uma expansão a pressão constante devido a um aquecimento e ao movimento do êmbolo que prende o gás. (a) Calcular o trabalho desenvolvido pelo gás e (b) representá-lo em um diagrama $p.V$. Sabe-se que o volume do cilindro sofre uma variação de 0,5 m³.

Dados:

Área do êmbolo $A_e = 100$ cm²
Peso de cada corpo $G = 25$ kgf
Massa do gás $m = 5$ kg

Observação: desprezar o peso do pistão

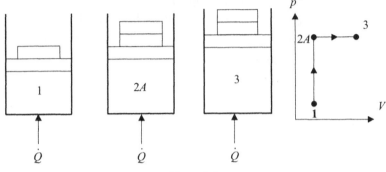

Figura 5.6

Solução:

a) Trabalho
Por unidade de massa, o trabalho pode ser calculado pela expressão:

$$w_{1 \to 3} = \int_1^3 p \cdot dv = \int_1^{2A} p \cdot dv + \int_{2A}^3 p \cdot dv,$$

$$\text{mas } \int_1^{2A} p \cdot dv = 0, \text{ pois } v_1 = v_2,$$

$$\text{resultando } w_{1 \to 3} = \int_{2A}^3 p \cdot dv = \text{área hachurada}$$

De (2) a (3) a pressão é constante:

$p_{2A} = p_3 = p$

$$w_{1 \to 3} = p \int_2^3 dv = p(v_3 - v_{2A})$$

$$p = 2\frac{G}{A_e} = \frac{2 \times 25}{100} = 0,5 \frac{\text{kgf}}{\text{cm}^2} = 0,5 \cdot 10^4 \text{kgf/m}^2$$

$$v_3 - v_{2A} = \frac{V_3 - V_{2A}}{m} = \frac{0,5}{5} = 0,1 \, \text{m}^3/\text{kg}$$

Resulta $w = 0,5 \cdot 10^4 \cdot 0,1 \, [\text{kgf/m}^2 \cdot \text{m}^3/\text{kg}]$

$$w = 500 \, \text{kgf} \cdot \text{m/kg}$$

O trabalho total é obtido quando se multiplica o trabalho específico (trabalho produzido por 1 kg do gás) pela massa de gás contida no cilindro.

$$W = w \cdot m$$

$$W = 500 \cdot 5 = 2\,500 \text{ kgf} \cdot \text{m}$$

b) Diagrama $p.V$

O estado (1) da Figura 5.6 representa o ponto inicial, antes do aquecimento do gás. O estado (2) representa o gás após a primeira fase do aquecimento. Observa-se que para manter constante o seu volume é necessário aumentar a pressão, isto é, aumentar o peso que atua no êmbolo. O estado (3) é o ponto final após a segunda fase de aquecimento.

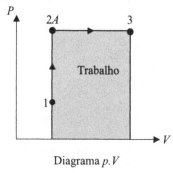

Diagrama $p.V$

Figura 5.7

5.6.3 O gás no estado (1) do problema anterior passa novamente para o estado (3), mas por um outro processo diferente, que consiste em um aquecimento a pressão constante seguido de um aquecimento a volume constante. (a) Calcular o trabalho nesta nova situação e (b) traçar o diagrama $p.V$.

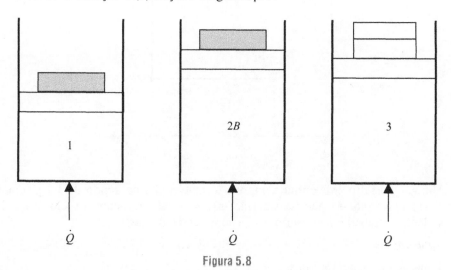

Figura 5.8

a) Trabalho

$$w_{1\to 3} = \int_1^3 p\,dv = \int_1^{2B} p\,dv + \int_{2B}^3 p\,dv,$$

mas $v_{2B} = v_3$ $\therefore$ $\int_{2B}^3 p\,dv = 0$

$$w_{1\to 3} = p(v_{2B} - v_1)$$

$p_1 = p_{2B} = p$ $\therefore$ $w_{1\to 3} = \int_1^{2B} p\,dv =$ área hachurada

$$p = \frac{G}{A_e} = \frac{25}{100} = 0{,}25\ \text{kgf/cm}^2 = 0{,}25.10^4\ \text{kgf/m}^2$$

$$v_{2B} - v_1 = \frac{0{,}5}{5} = 0{,}1\ \text{m}^3/\text{kg}$$

Trabalho total:

$$W_{1\to 3} = m\,p\,(v_{2B} - v_1) = 5\ \text{kg} \times 0{,}25 \times 10^4\ \frac{\text{kgf}}{\text{m}^2} \times 0{,}1\ \frac{\text{m}^3}{\text{kg}} = 5 \times 250 = 1\,250\ \text{kgf} \cdot \text{m}$$

$$W_{1\to 3} = 1\,250\ \text{kgf} \cdot \text{m}$$

b) Diagrama $p.V$

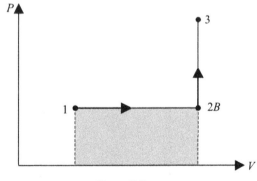

Figura 5.9

5.6.4 Um gás perfeito sofre uma compressão isotérmica passando de 1 kgf/cm² para 5 kgf/cm². Sabe-se que na situação inicial o volume ocupado pelo gás é 2 m³. Calcular o trabalho necessário para a compressão do gás.

Solução:

Equação de Clapeyron: $P\,V = m\,R\,T$

$m\,R$ é constante, portanto $\dfrac{P\;V}{T}$ é constante

$$\frac{P_1\;V_1}{T_1}=\frac{P_2V_2}{T_2}=\ldots\frac{P\;V}{T}$$

Sendo a transformação isotérmica, resulta:

$$p_1\,V_1 = p_2\,V_2 = \ldots p\;\;V$$

O trabalho pode ser calculado por meio de: $W_{1\to2} = \displaystyle\int_1^2 p\;dV$,

mas $pV = p_1V_1$ $\therefore$ $p = \dfrac{p_1V_1}{V}$,

portanto, $W_{1\to2} = \displaystyle\int_1^2 p_1V_1\frac{dV}{V} = p_1V_1\int_1^2\frac{dV}{V}$,

resultando: $W_{1\to2} = p_1v_1\ln\dfrac{V_2}{V_1}$

Cálculo de V_2:

$$p_1V_1 = p_2V_2$$

$$V_2 = \frac{p_1V_1}{p_2} = \frac{1\times 2}{5} = 0,4\;\mathrm{m}^3$$

$$W_{1\to2} = 10^4 \cdot 2\;\ln\frac{0,4}{2} = 2\cdot10^4\;\ln 0,2$$

$$W_{1\to2} = -3,22\cdot10^4\;\mathrm{kgf}\cdot\mathrm{m}$$

5.7. Exercícios Propostos

5.7.1 Uma mistura de líquido e vapor de água contida em um cilindro recebe uma certa quantidade de calor que provoca uma variação de título de 20% para 60%. Calcular o trabalho realizado pela expansão isobárica em que p é constante da mistura. Sabe-se que a pressão é de 5 kgf/cm^2 e que a massa inicial de vapor é de 1,5 kg.

Resposta: 11 385 kgf . m

5.7.2 Uma mistura de líquido e vapor de água está contida dentro de um cilindro, fechado por um êmbolo que se movimenta. Sobre o êmbolo atua uma força que varia segundo a lei $F = KZ^2$. A mistura recebe calor e passa para um estado de maior pressão e maior volume devido à vaporização. Calcular:

a) volume final ocupado pela mistura;
b) trabalho realizado pelo aumento de volume.

66   Termodinâmica

Dados:

Massa total da mistura de líquido e vapor $m_T = 5$ kg
Pressão no instante final $p_2 = 10$ kgf/cm^2
Título no instante final $x_2 = 0,5$
Posição inicial do êmbolo $Z_1 = 0,1$ m
Área do êmbolo $A = 0,2$ m^2

Constante da mola $K = 500$ kgf/m^3

Resposta: a) $V_2 = 0,5$ m^3
                b) $W = 2\ 604$ kgf$\,$.$\,$m

1º Princípio da Termodinâmica

6.1 Conservação da Energia

Um sistema termodinâmico pode receber, armazenar e fornecer energia. Se o sistema for aberto ele poderá trocar energia com o meio na forma de calor, trabalho ou através da massa que passa pela sua fronteira. Já vimos que a massa de uma substância pode apresentar três formas de energia: cinética, potencial e interna. O sistema aberto representado na Figura 6.1 recebe energia na forma de calor, trabalho e massa, representados respectivamente por Q_e, W_e e $m_e \cdot e_e$. O sistema transfere as mesmas formas de energia representadas por Q_s, W_s e $m_s \cdot e_s$.

A soma de todas as energias que entram no sistema, comparada com o total que sai, poderá ser maior, igual ou menor, dependendo da quantidade que fica retida dentro dele. Essa dependência está ligada ao princípio da conservação da energia, que estabelece que a energia se transforma, mas não se extingue nem se cria.

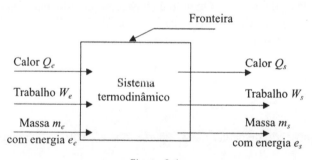

Figura 6.1

Quando dizemos que uma máquina 'produz' energia, na realidade ela somente transforma energia. Um motor elétrico transforma energia elétrica em trabalho mecânico que sai através do seu eixo. Um motor de automóvel transforma a energia do combustível em calor e este, em trabalho mecânico. Um turbo gerador hidráulico transforma a energia potencial da água em eletricidade. Em todas essas máquinas o rendimento de transformação nunca é total por causa principalmente dos seguintes fatores: atrito entre as partes mecânicas em movimento relativo; efeito Joule; perdas por efeito do movimento em um fluido dentro da máquina; perdas por meio dos gases de escapamento, pela alta temperatura e pela presença de combustível não queimado. Se medirmos a energia perdida, encontraremos um número igual à diferença entre a energia fornecida à máquina e a energia 'produzida' por ela.

68 Termodinâmica

Na Figura 6.1 a energia que entra no sistema é representada por $E_e = Q_e + W_e + m_e \cdot e_e$ e a energia que sai por $E_s = Q_s + W_s + m_s \cdot e_s$.

Imaginemos um sistema termodinâmico em repouso, de maneira que não haja variação da energia cinética ou de energia potencial de posição da substância que se encontra dentro dele. Resta somente a variação da energia interna representada aqui por ΔU. Pelo princípio da conservação da energia podemos afirmar que:

$$E_e - E_s = \Delta U \tag{6.1}$$

Nessa equação E_e é a energia que entra no sistema durante o tempo Δt e E_s é a energia que sai durante o mesmo tempo. No instante inicial, isto é, antes da entrada da energia E_e, a massa que se encontrava dentro do sistema tinha a energia U_i. Decorrido o tempo Δt, as trocas de energia de sistema produzem uma variação na energia interna do sistema, resultando uma energia final U_f, tal que:

$$\Delta U = U_f - U_i$$

Então resulta:

$$\boxed{E_e - E_s = U_f - U_i} \tag{6.2}$$

Para exemplificarmos, adotemos como sistema o tanque de gasolina de um automóvel e estudemos as transferências de energia efetuadas durante o dia. Quando o automóvel sai pela manhã (instante t_i) o seu tanque tem uma certa quantidade de gasolina, cuja energia pode ser representada por U_i. Durante o dia ele consome combustível retirando do seu tanque a quantidade E_s de energia. Quando é abastecido ele introduz uma quantidade E_e de energia em seu tanque. No fim do dia (instante $t_i + \Delta t$) o seu tanque tem uma quantidade de combustível contendo a energia U_f tal que

$$U_f = U_i + E_e - E_s$$

ou

$$E_e - E_s = U_f - U_i$$

Vejamos o significado de cada uma das partes que constituem a equação 6.1:

$$E_e = Q_e + W_e + m_e\, e_e$$

$$E_s = Q_s + W_s + m_s\, e_s$$

$$U_f = m_f\, u_f$$

$$U_i = m_i\, u_i$$

6.2 Calor

Na equação 6.1 o calor está representado por Q_e e Q_s, indicando respectivamente o calor que entra e o que sai do sistema. Lembremos que o calor é definido como a energia que se transfere de um corpo para outro devido à diferença de temperatura entre eles.

De acordo com a definição, o calor atravessa a fronteira do sistema quando há uma diferença de temperatura entre a substância que se encontra dentro dele e o meio. Os gases que se formam dentro do cilindro de um motor aquecem sua carcaça. Essa pode ser resfriada naturalmente pelo ar que a envolve, cuja temperatura é mais baixa. Essa energia que passa do sistema para o meio é o calor Q_s da equação 6.2.

Uma panela com água, levada ao fogo, recebe o calor Q_e devido à diferença de temperatura entre a chama e a água.

6.3 Trabalho

Uma máquina produz trabalho por meio do movimento do seu eixo ou do movimento da sua fronteira ou ainda do movimento de um fluido que atravessa a sua fronteira. A Figura 6.2 representa um pistão que se movimenta executando um trabalho que pode ser calculado pelo produto $F \cdot d$.

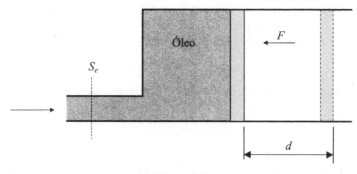

Figura 6.2

Adotemos como sistema o cilindro, o êmbolo e o tubo de entrada de óleo até a secção S_e. O trabalho proveniente do movimento do êmbolo deve-se à força de pressão do óleo. No sistema em questão podemos dizer que entra energia na forma de trabalho realizado pela força de pressão do óleo e que sai energia na forma de trabalho realizado pelo movimento do êmbolo.

6.3.1 Trabalho Devido ao Movimento da Fronteira

Este trabalho já foi deduzido no Capítulo 5 e pode ser calculado por meio da equação 5.4.

$$W_F = \int p dv,$$

onde p é a pressão interna do fluido e V, o volume do sistema, variável devido ao movimento da sua fronteira.

Na Figura 6.2 o trabalho pode ser calculado por meio da fórmula $W = f \cdot d$. Basta lembrar que $p = \dfrac{F}{A}$, onde A é a área da secção transversal do êmbolo.

$$W = \int p dv = p \int dV = p \cdot \Delta V$$

$$\Delta V = A \cdot d$$

$$W = p \cdot A \cdot d = F \cdot d$$

6.3.2 Trabalho Produzido pela Força de Pressão

A Figura 6.3 representa o tubo de óleo que alimenta o cilindro.

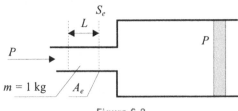

Figura 6.3

Consideremos uma quantidade de óleo de massa unitária que entra no sistema pela secção S_e de área A_e. Esse óleo é empurrado para dentro do sistema pela ação de uma outra camada de óleo que exerce uma pressão p tal que $F = p \cdot A_e$. O trabalho realizado por esta força para introduzir a massa de óleo de comprimento L é calculado por meio de:

$$w_p = F \cdot L = p \cdot A \cdot L = pv$$

onde v é o volume ocupado por 1 kg do fluido e w, o trabalho realizado, por unidade de massa.

$$\boxed{w_p = p \cdot v} \qquad (6.3)$$

Se entra no sistema uma quantidade m de massa sujeita à pressão p, o trabalho é calculado por meio de:

$$W_p = m \cdot w_p = m \cdot p \cdot v$$

6.3.3 Trabalho de um Eixo

Este trabalho pode entrar no sistema ou sair dele através de um eixo. Se o sistema for uma bomba hidráulica, ele necessita do trabalho de um motor para o seu funcionamento. Se o sistema for uma turbina, ele produz um trabalho que movimenta um gerador. Vamos representar esse trabalho por W_E, com os respectivos índices.

O trabalho W da equação 6.2 pode ser então representado por três parcelas:

$$\boxed{W = W_F + W_E + m \cdot p \cdot v}$$

6.4 Energia do Fluido Que Atravessa a Fronteira

Na equação 6.2 a massa de fluido que atravessa a fronteira está representada por m e contém uma energia $m \cdot e$, onde e é a energia total do fluido por unidade de massa.

Já vimos que um corpo pode apresentar três formas de energia: cinética, potencial de posição e interna, portanto:

$$m \cdot e = m \ \frac{V_e^2}{2} + mgz + mu$$

Se o fluido entra no sistema, as grandezas $\bar{V}$, Z e u referem-se à secção de entrada.

$$e_e = \frac{V_e^2}{2} + gz_e + u_e \qquad (6.4)$$

6.4.1 Energia Cinética

Considere um corpo com velocidade $\bar{V}$, sujeito a uma pressão P e ocupando uma posição determinada por uma cota Z, acima de um plano horizontal de referência (PHR). Esse corpo tem uma energia cinética igual a $m\bar{V}^2/2$.

$$E_C = \frac{m\bar{V}^2}{2}$$

Se tomarmos uma unidade de massa, a energia cinética será:

$$e_c = \frac{E_c}{m} = \frac{\bar{V}^2}{2}$$

Unidades

A energia cinética por unidade de massa ($\bar{V}^2/2$) é medida em m^2/s^2 e somada com a energia interna, medida em kcal/kg. Vejamos qual a relação entre as unidades:

$$\frac{m^2}{s^2} = kg \cdot \frac{m}{s^2} \cdot \frac{m}{kg} = \frac{N \cdot m}{kg} = \frac{kgf}{9,8} \cdot \frac{m}{kg} = \frac{1}{9,8 \cdot 427} \ \frac{kcal}{kg}$$

Resulta:

$$e_C = \frac{1}{9,8 \cdot 427} \cdot \frac{\bar{V}^2}{2} \ \frac{kcal}{kg}$$

Exemplo: Um fluido movimentando-se com a velocidade de 10 m/s tem a energia cinética medida em kcal por kilograma igual a:

$$e_C = \frac{1}{9,8 \cdot 427} \cdot \frac{100}{2} = 0,012 \ kcal/kg$$

6.4.2 Energia Potencial de Posição

Se a massa de líquido está a uma altura Z acima do plano horizontal de referência, tem uma energia potencial de posição igual ao produto de seu peso pela altura.

$$E_p = mg \ Z$$

Termodinâmica

A energia específica, isto é, por unidade de massa, é obtida dividindo-se E_p por m.

$$e_p = \frac{E_p}{m} = gZ$$

Unidades:

$$e_p = gZ \; \frac{\text{m}^2}{\text{s}^2}$$

$$e_p = \frac{1}{9,8.427} \, gZ \; \text{kcal}/\text{kg}$$

Resulta:

$$e_e = \left(\frac{\overline{V}_e^2}{2} + gZ_e + u_e \right) \text{kcal}/\text{kg}$$

6.5 Equação Geral da Termodinâmica

Tomemos a equação 6.1, que representa o princípio da conservação da energia.

$$E_e - E_s + U_f - U_i,$$

$$\text{onde} \; \begin{cases} E_e = Q_e + W_e + m_e e_e \\ W_e = W_{Ee} + W_{Fe} + m_e p_e v_e \\ e_e = \overline{V}_e^2 / 2 + gZ_e + u_e \end{cases}$$

Resulta para E_e e E_s:

$$E_e = Q_e + W_{Ee} + W_{Fe} + m_e \left(\frac{\overline{V}_e^2}{2} + gZ_e + u_e + p_e v_e \right)$$

$$E_s = Q_s + W_{Es} + W_{Fs} + m_s \left(\frac{\overline{V}_s^2}{2} + gZ_s + u_s + p_s v_s \right)$$

Utilizando-se W para os trabalhos de fronteira e de eixo, resulta:

$$E_e = Q_e + W_e + m_e \left(\frac{\overline{V}_e^2}{2} + gZ_e + u_e + p_e v_e \right)$$

$$E_s = Q_s + W_s + m_s \left(\frac{\overline{V}_s^2}{2} + gZ_s + u_s + p_s v_s \right)$$

Por outro lado, a energia interna de um sistema U pode ser representada por $U = m \cdot u$, onde m é a massa que se encontra dentro do sistema.

$$U_i = m_i u_i$$

$$U_f = m_f u_f$$

A equação 6.2 se transforma na equação 6.5

$$Q_e + W_e + m_e \left(\frac{\bar{V}_e^2}{2} + gZ_e + u_e + p_e v_e \right) -$$

$$- Q_s - W_s - m_s \left(\frac{\bar{V}_s^2}{2} + gZ_s + u_s + p_s v_s \right) =$$

$$= m_f u_f - m_i u_i \qquad (6.5)$$

A equação 6.5 é a mais importante da termodinâmica, pois representa o princípio no qual ela se baseia para se desenvolver. Além disso, está representada na forma mais geral possível, pois aplica-se a um sistema aberto em regime variado. Na maioria dos problemas essa equação simplifica-se bastante, chegando-se a fórmulas pequenas de muita aplicação na prática. Vejamos então alguns casos particulares.

6.5.1 Sistema Fechado

6.5.1.1 Transformação Acíclica

No sistema fechado não há passagem de massa pela fronteira do sistema. Tem-se, então, $m_e = 0$ e $m_s = 0$.

A equação 6.5 se transforma em

$$Q_e + W_e - Q_s - W_s = m_f u_f - m_i u_i \qquad (6.6)$$

$$\boxed{Q_e + W_e - Q_s - W_s = m_i (u_f - u_i)} \qquad (6.7)$$

6.5.1.2 Transformação Cíclica

Uma transformação é cíclica quando o estado inicial e o estado final são iguais. Portanto,

$$U_i = u_f$$

$$\bar{V}_i = \bar{V}_f$$

$$Z_i = Z_f$$

Resulta:

$$\boxed{Q_e + W_e = Q_s + W_s} \qquad (6.8)$$

6.5.2 Aplicações do 1º Princípio

6.5.2.1 Sistema Aberto em Regime Permanente

Lembremos que no regime permanente não variam as propriedades das partículas que passam em cada ponto do sistema termodinâmico. Por exemplo, se o sistema for um tubo convergente, como indica a Figura 6.4, a velocidade, a pressão e a temperatura no ponto A devem permanecer inalteradas durante o tempo. No entanto, nada impede que de A para B elas sofram uma variação. Como indica a figura, facilmente se percebe que a velocidade no ponto B é maior que no ponto A. Se em todos os pontos as propriedades permanecerem inalteradas durante Δt, pode-se dizer que durante esse tempo o regime será permanente. Portanto, no início da contagem do tempo temos p_i, v_i, u_i e no final p_f, v_f, t_f, u_f etc. Sendo o regime permanente podemos afirmar que:

$$p_i = p_f, \ \overline{V}_i = \overline{V}_f, \ t_i = t_f, \ u_i = u_f$$

Por outro lado, podemos ainda afirmar que não há variação de massa dentro do sistema, pois, se houvesse, uma das propriedades pelo menos seria alterada.

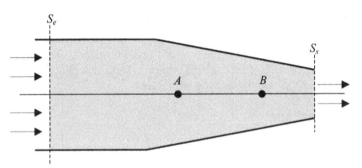

Figura 6.4

$$\overline{V}_A(t_o) = \overline{V}_A(t_o + \Delta t) \qquad\qquad \overline{V}_B(t_o) = \overline{V}_B(t_o + \Delta t)$$

O segundo membro da equação 6.5 se anula porque

$$m_i = m_f$$
$$u_f = u_i$$

Portanto, $m_i(u_f - u_i) = 0$
A equação 6.5 se reduz a:

$$Q_e + W_e + m_e(u_e + p_e v_e + \overline{V}_e^2/2 + gZ_e) -$$
$$- Q_s - W_s + m_s(u_s + p_s v_s + \overline{V}_s^2/2 + gZ_s) = 0 \qquad (6.9)$$

6.6 Exercícios Resolvidos

6.6.1 Calcular a expressão do calor utilizado em uma caldeira em regime permanente, para transformar água do estado líquido para o estado de vapor superaquecido.

Suponhamos que a quantidade de vapor produzido seja $\dot{m}_v = 15\,000$ kg/h, que o líquido entre na caldeira saturado a 50 kgf/cm² e que o vapor saia na mesma pressão a 500°C.

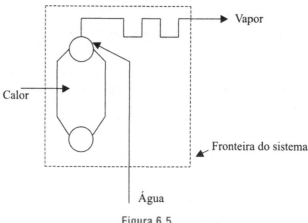

Figura 6.5

Solução:

As parcelas da equação 6.9 que têm influência no funcionamento da caldeira são:

Q_e = calor que entra no sistema.
$W_e = W_s = 0$, pois a caldeira não produz nem consome energia na forma de trabalho de eixo ou de fronteira.
$Q_s = 0$, em primeira aproximação, pois podemos desprezar o calor perdido para o ambiente através das paredes da caldeira.
$\overline{V_e} = \overline{V_s}$, isto é, as velocidades da água na entrada e do vapor na saída da caldeira podem ser consideradas iguais.
$Z_2 - Z_1$ representa a altura da caldeira.

A energia consumida pela água para se elevar de Z_1 até Z_2 é pequena comparada com as demais formas de energia que comparecem na caldeira.
Portanto, $g(Z_2 - Z_1) \cong 0$

$\dot{m}_e = \dot{m}_s$, pois o regime é permanente, e então a massa que entra deve ser igual à que sai, pois não pode haver variação da massa dentro do sistema.
Da equação 6.9, resulta:

$$Q_e + m_e(u_e + p_e v_e) - m_s(u_s + p_s v_s) = 0$$

$$u + pv = h \qquad m_e = m_s = m$$

$$Q = m(h_s - h_e)$$

Essa expressão pode ser usada sempre que se desejar calcular o calor transferido dentro da caldeira, necessário para a transformação do líquido com entalpia h_e, em vapor com entalpia h_s.

Unidades:

Massa: m [kg]

Entalpia: $h \left[\dfrac{\text{kcal}}{\text{kg}} \right]$

Calor: Q [kcal]

Em lugar da massa m, é mais comum utilizar-se a vazão em massa $\dot{m}$ e obter-se a resposta em potência, isto é, energia por unidade de tempo, também denominada fluxo de calor. Vamos representar o fluxo de calor por $\dot{Q}$.

$$\dot{Q}_e = \dot{m}(h_s - h_e) \tag{6.10}$$

Unidades:

Vazão em massa: $\dot{m}$ [kg/hora]

Entalpia: h [kcal/kg]

Fluxo de calor: $\dot{Q}$ [kcal/hora]

Numericamente temos:

$$\dot{Q} = 15 \times 10^4 \times (819,5 - 272,7) = 895,2 \cdot 10^4 \text{ kcal/hora}$$

Os valores de h_e e h_s foram tirados das tabelas de vapor. Para o cálculo de h_s, temos $p_s = 50$ kgf/cm² e $t_s = 500°C$ e, para h_e, sabemos que a pressão é $p_e = 50$ kgf/cm² e que o líquido é saturado.

6.6.2 O vapor produzido pela caldeira do Exercício 6.6.1 é utilizado em uma turbina. Suponhamos que seja dada a pressão do vapor na saída, igual a 0,5 kgf/cm². Desejamos calcular a potência da turbina, adotando-se teoricamente um funcionamento ideal, isto é, adiabático e reversível. Em outras palavras, não há perda de calor pela carcaça da turbina e a passagem do vapor através dela se faz sem atrito.

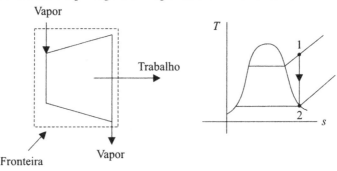

Figura 6.6

1º Princípio da Termodinâmica   77

Solução:

Ao passar pela turbina o vapor sofre uma expansão e, conseqüentemente, a sua temperatura diminui. Sendo a expansão, por hipótese, adiabática e reversível, a entropia do vapor não se altera. O diagrama da Figura 6.6 mostra a transformação que se processa no vapor durante a sua passagem por uma turbina ideal.
O trabalho da turbina pode ser calculado por meio da equação 6.5, anulando-se o segundo membro da equação devido ao fato de o regime ser permanente.

Lembremos que:
$m_e = m_s$ devido ao regime permanente.
As velocidades na entrada e saída podem ser iguais.
O trabalho realizado pelo peso do vapor $mg(Z_1 - Z_2)$ pode ser desprezado em face do total.

Resulta, portanto:

$$m_e(u_e + p_e v_e) - m_s(u_s + p_s v_s) - W_s = 0$$

$$W_s = m(h_e - h_s) \text{ (kcal)}$$

Potência $\boxed{\dot{W}_s = \dot{m}(h_e - h_s)}$ (6.11)

Numericamente resulta:

$$h_e = 819,5 \ \frac{\text{kcal}}{\text{kg}} \qquad\qquad s_e = 1,6671 \ \frac{\text{kcal}}{\text{kg.K}}$$

Cálculo de h_2
Sabemos que $s_s = s_e = 1,6671$ kcal/kg.K e que $p_s = 0,5$ kgf/cm². Portanto, a entropia do vapor pode ser colocada sob a forma $s_s = s_L + x_s \Delta S$.
A partir de $p_s = 0,5$ kgf/cm², a tabela de vapor saturado fornece os valores abaixo:

$$s_L = 0,256 \quad \text{e} \quad \Delta s = 1,556$$

$$x_s = \frac{1,667 - 0,256}{1,556} = \frac{1,411}{1,556} = 0,91 \quad x_2 = 91\%$$

Da mesma tabela podem-se tirar h_L e Δh:

$$h_s = h_L + x_s \cdot \Delta h = 80,9 + 0,91 \cdot 550,6$$

$$h_s = 80,9 + 500 = 580,9 \text{ kcal/kg}$$

Portanto:

$$\dot{W}_s = 15\,000(819,5 - 580,9)$$

$$\dot{W}_s = 15\,000 \times 238,6 = 357 \cdot 10^4 \text{ kcal/hora}$$

$$\dot{W}_s = \frac{357 \times 10^4}{632} = 5\,640 \text{ CV}$$

$$\dot{W}_s = 5\,640 \text{ CV}$$

6.6.3 Suponhamos que haja um condensador instalado na saída da turbina. Desejamos calcular a quantidade de calor retirado do vapor para produzir a sua condensação. Tal como a turbina, o condensador também funciona em regime permanente. A pressão dentro do condensador é igual em todos os pontos e igual à pressão do vapor que sai da turbina. Suponhamos ainda que o líquido esteja saturado na saída do condensador.

Temos então:

$$p_e = 0,5 \text{ kgf/cm}^2$$
$$x_e = 0,91$$
$$p_s = 0,5 \text{ kgf/cm}^2$$
$$x_s = 0,0$$

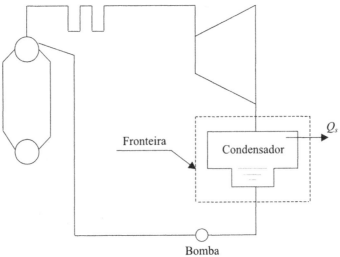

Figura 6.7

Solução:

O condensador é constituído por tubos dentro dos quais passa água que retira o calor do vapor. Este entra no condensador pela seção (1), passa por fora dos tubos e cede parte do seu calor para a água. O condensado acumula-se em um tanque situado na parte inferior, de onde é bombeado para fora do condensador.

Tomemos a equação 6.9 para o cálculo do calor trocado pelo vapor que passa pelo condensador.

O vapor cede calor para poder se condensar, portanto, na equação 6.9 só aparece o calor Q_s, porque $Q_e = 0$.

Os trabalhos W_e e W_s também são nulos, pois o condensador não produz nem consome trabalho.

A energia potencial de posição sofre uma pequena variação que pode ser considerada desprezível

$$m_g(Z_1 - Z_2) = 0$$

As velocidades também podem ser iguais, resultando $m\left(\dfrac{\overline{V}_s^2}{2} - \dfrac{\overline{V}_e^2}{2}\right) = 0$

$$m_e h_e - Q_s - m_s h_s = 0$$
$$Q_s = m(h_e - h_s)$$

Por unidade de tempo podemos escrever:

$$\boxed{\dot{Q}_s = \dot{m}(h_e - h_s)} \qquad (6.12)$$

$\dot{m} = 15\,000$ kg/hora

$h_e = 580,9$ kcal/kg

Ponto 2
Na saída do condensador o líquido é saturado. Tendo-se a pressão $p_s = 0,5$ kgf/cm² tira-se da tabela $h_s = 80,9$ kcal/kg $\dot{Q}_s = 7\,500\,000$ kcal/h.

6.6.4 Calcular a potência transmitida à água por uma bomba instalada na saída do condensador do Exercício 6.6.3 destinada a bombear água para a caldeira do Exercício 6.6.1. Lembremos que a pressão do condensador vale 0,5 kgf/cm² e a da caldeira vale 50 kgf/cm².
Em relação à bomba temos:

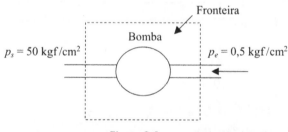

Figura 6.8

Em regime permanente temos $m_e = m_s$. Podemos também considerar $Q_e = 0$ e $Q_s = 0$. A bomba necessita de uma potência de um motor para o seu funcionamento. Portanto $W_e \neq 0$ e $W_s = 0$. Tal como fizemos nos exemplos anteriores, as velocidades de entrada e saída podem ser iguais, e a variação da energia potencial de posição pode ser desprezada.

$$m_g(Z_1 - Z_2) = 0 \qquad m\left(\dfrac{\overline{V}_s^2 - \overline{V}_e^2}{2}\right) = 0$$

Como a diferença de temperatura produzida no fluido devido à sua passagem pela bomba é muito pequena, pode-se dizer que a variação de energia interna é desprezível.

$$u_s = u_e$$

80 Termodinâmica

Resulta da equação 6.9

$$W_e + m_e p_e v_e - m_s p_s v_s = 0,$$

mas

$$m_e = m_s$$
$$v_e = v_s \text{ (líquido)}$$
$$W = mv (p_s - p_e)$$

A potência pode ser obtida quando, em lugar da massa m, utiliza-se a vazão em massa $\dot{m}$.

Adotando-se as unidades

$$\text{kg/h para } \dot{m}$$

$$\text{m}^3/\text{kg para } v$$

$$\text{kgf/m}^2 \text{ para } p$$

resulta para $W: \dfrac{\text{kg}}{\text{h}} \times \dfrac{\text{m}^3}{\text{kg}} \times \dfrac{\text{kgf}}{\text{m}^2} = \dfrac{\text{kcal}}{\text{h}},$

mas 1 kcal = 427 kgf . m.

$$\boxed{\dot{W} = \dot{m} v \left(\frac{p_s - p_e}{427} \right) \frac{\text{kcal}}{\text{h}}} \tag{6.13}$$

Numericamente temos

$$\dot{m} = 15\,000 \text{ kg/h}$$

$$p_s = 50 . 10^4 \text{ kgf/m}^2$$

$$p_e = 0,5 . 10^4 \text{ kgf/m}^2$$

$$v = 10^{-3} \text{ m}^3/\text{kg}$$

$$\dot{W} = \frac{15\,000 . 10^{-3}(50 - 0,5) . 10^4}{427} = 17\,389 \text{ kcal/h}$$

$$\dot{W} = 17\,389 \text{ kcal/h ou 20,2 kW ou 27 HP ou 27,5 CV}$$

6.6.5 Calcular a quantidade de calor que deve ser fornecido a um sistema constituído por um cilindro com um êmbolo que se movimenta levantando um corpo. O peso total do êmbolo e do corpo é de 500 kgf e a área do êmbolo é de 100 cm². Na situação inicial a altura do êmbolo é de 50 cm acima da base do cilindro e na situação final é de 1,50 m. No início há uma mistura de líquido e vapor de água com título $x_0 = 25\%$.

1° Princípio da Termodinâmica

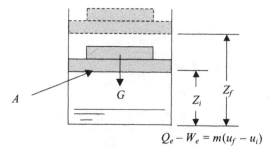

$$Q_e - W_e = m(u_f - u_i)$$

Figura 6.9

Solução:
O sistema é fechado em regime variado.

$$m_e = 0 \qquad m_s = 0$$
$$u_f \neq u_i \qquad m_i = m_f$$

Cálculo da massa

Na situação inicial temos:

$$V_i = mv_i$$
$$V_i = A \cdot Z_i = 100 \cdot 10^4 \cdot 0,5 = 50 \cdot 10^{-4} \text{ m}^3$$
$$P_i = \frac{G}{A} = \frac{500}{100} = 5 \text{ kgf/cm}^2$$
$$v_i = v_L + x_i \Delta v \ (p_i = 5 \text{ kgf/cm}^2)$$
$$v_i = 0,001 + 0,25 \times 0,3825 = 0,096 \text{ m}^3/\text{kg}$$
$$m = \frac{V_i}{v_i} = \frac{0,0050}{0,096} = 0,052 \text{ kg}$$

Cálculo do trabalho

$$W = \int p dV = p(V_f - V_i) = pA(Z_f - Z_i)$$
$$W = 5 \cdot 10^4 \cdot 100 \cdot 10^{-4} \cdot (1,5 - 0,5)$$
$$W = 500 \text{ kgf} \cdot \text{m} = \frac{500}{427} = 1,2 \text{ kcal}$$

Cálculo das energias internas

$$u_i = h_i - p_i v_i$$
$$h_i = h_L + x_i \Delta h - 152,2 + 0,25 \times 505,2$$
$$h_i = 278,4 \text{ kcal/kg}$$

82 Termodinâmica

$$u_i = 278,4 - \frac{5 \cdot 10^4 \times 0,096}{427} = 278,4 - 11,3$$

$u_i = 267,1 \text{ kcal/kg}$

$$u_f = h_f - p_f v_f$$

$$v_f = \frac{V_t}{m} = \frac{A \cdot Z_f}{m} = \frac{100 \times 10^{-4} \times 1,5}{0,052} = 0,29 \text{ m}^3/\text{kg}$$

$$v_f = v_L + x_f \, \Delta v$$

$$x_f = \frac{v_f - v_L}{\Delta v} = \frac{0,29 - 0,001}{0,3825} = 0,76$$

$$h_f = 536,2 \text{ kcal/kg}$$

$$u_f = 536,2 - \frac{5 \times 10^4 \times 0,29}{427} = 536,2 - 34$$

$$u_f = 502,2 \text{ kcal/kg}$$

Cálculo do calor

$$Q_e = W_s + m(u_f - u_i)$$

$$Q_e = \frac{500}{427} + 0,052 \, (502,2 - 267,1)$$

$$Q_e = 1,2 + 27,8 = 29 \text{ kcal}$$

$$Q_e = 29 \text{ kcal}$$

6.6.6 Um tanque de 0,5 m^3 contém ar comprimido à pressão de 5 kgf/cm^2. Sabe-se que nesse estado o volume específico do ar é $v_i = 0,2$ m^3/kg e que sua entalpia vale $h_i = 40$ kcal/kg. Injeta-se no tanque o ar proveniente de um compressor, com entalpia $h_e = 120$ kcal/kg. Sabendo-se que no final resulta uma pressão de 10 kgf/cm^2 dentro do tanque e que a entalpia do ar nessa situação vale 50 kcal/kg, sendo 0,10 o seu volume específico, pede-se para:

a) Calcular a massa de ar que entrou no tanque.
b) Calcular a quantidade de calor que deve ser transferida, para dentro ou para fora, para resultarem as condições finais do problema.

1º Princípio da Termodinâmica

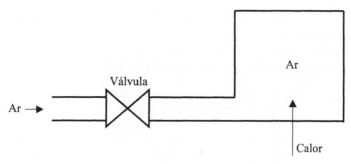

Figura 6.10

Cálculo da massa

$$m_e = m_f - m_i$$

$$v_i = \frac{V_i}{m_i} \quad \therefore \quad m_i = \frac{V_i}{v_i} = \frac{0,5}{0,2} = 2,5 \text{ kg}$$

$$m_f = \frac{V_f}{v_f} = \frac{0,5}{0,1} = 5 \text{ kg}$$

$$m_e = 2,5 \text{ kg}$$

Cálculo de calor

$$Q_e + m_e h_e = m_f u_f - m_i u_i$$

Neste caso desprezamos as energias cinética e potencial de posição do ar que entra no tanque.

$$u_i = h_i - p_i v_i = 40 - \frac{5.10^4 \times 0,2}{427} = 16,6 \text{ kcal/kg}$$

$$u_f = h_f - p_f v_f = 50 - \frac{10 \times 10^4 \times 0,1}{427} = 26,6 \text{ kcal/kg}$$

$$Q_e = -m_e h_e + m_f u_f - m_i u_i$$

$$Q_e = -2,5 \times 120 + 5 \times 26,6 - 2,5 \times 16,6$$

$$Q_e = -300 + 133 - 41,5$$

$$Q_e = -209,5 \text{ kcal}$$

Deve-se retirar uma quantidade de calor

$$Q_s = 208,5 \text{ kcal}$$

6.6.7 O tanque da figura a seguir contém 140 kg de água, cuja temperatura é 20ºC. Ligando-se o motor, a sua energia é transferida para a água, provocando o seu

aquecimento. Depois de 2 horas o motor é desligado e a temperatura da água é medida novamente.
Conhecendo-se a potência do motor $\dot{W} = 5$ HP e adotando-se um isolamento térmico perfeito, calcular a temperatura final da água.

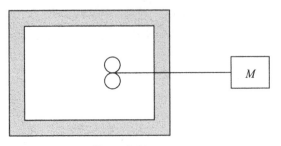

Figura 6.11

Solução:

Adotemos o tanque como um sistema que contém uma quantidade constante de água. Trata-se, portanto, de um sistema fechado cuja fronteira é atravessada pela energia liberada pelo motor através do seu eixo.
Apliquemos a equação que representa o 1º princípio da termodinâmica:

$$Q_e + W_e + m_e\left(h_e + \frac{\overline{V}_e^2}{2} + gz_e\right) - Q_s - W_s - m_s\left(h_s + \frac{\overline{V}_s^2}{2} + gz_s\right) = m_f u_f - m_i u_i.$$

Sendo o sistema fechado, não há passagem de massa através de sua fronteira, portanto, $m_e = 0$ e $m_s = 0$. Havendo um isolamento térmico perfeito, não há troca de calor entre o sistema e o meio $Q_e = 0$ e $Q_s = 0$. O trabalho é transferido pelo eixo no sentido de fora para dentro do sistema, resultando $W_s = 0$.
Da equação acima resta

$$W_e = m(u_f - u_i).$$

A massa de água é a mesma no início (m_i) e no fim (m_f).

$W_e = m_i(u_f - u_i)$

$\dot{W_e} = 5$ HP $\therefore$ $W_e = 5 \times 640{,}8 = 3\,204$ kcal/h

$m_i = 140$ kg

$u_i = h_i - \dfrac{p_0 v_0}{427}$ $t_i = 20°C$ $\therefore$ $h_i = 20$ kcal/kg

$u_i = 20 - \dfrac{10^4 \times 10^{-3}}{427}$ $\qquad p_i = 1\ \dfrac{\text{kgf}}{\text{cm}^2} = 10^4\ \dfrac{\text{kgf}}{\text{m}^2}$

$u_i = 20$ kcal/kg $\qquad v_i = 10^{-3}$ m³/kg

$$u_f = u_i + \frac{W_1}{m_1}$$

$$u_f = 20 + \frac{3\,160}{140} = 20 + 22,6$$

$$u_f = 42,6 \text{ kcal/kg}$$

Portanto

$$h_f \cong u_f = 42,6 \text{ kcal/kg}$$

$$t_f = 42,6°C$$

6.6.8 Um motor de automóvel funciona em regime permanente desenvolvendo uma potência de 200 HP. Deseja-se calcular o consumo horário de gasolina conhecendo-se os seguintes elementos, característicos do seu funcionamento:

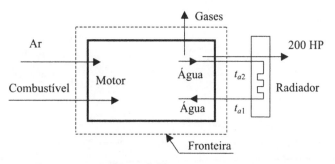

Figura 6.12

Água de refrigeração do motor:
temperatura na entrada: 40°C
temperatura na saída: 80°C
capacidade da bomba de água: 0,5 l/s
entalpia do ar: $h_{ar} = 5$ kcal/kg
entalpia dos gases: $h_g = 20$ kcal/kg
entalpia do combustível: $h_c = 8\,000$ kcal/kg
relação entre o consumo de ar e o de combustível: 20 kg de ar/kg de comb.
Desprezar a potência elétrica necessária para o funcionamento do motor.

Solução:

Consideremos como sistema termodinâmico a superfície que envolve a carcaça do motor, excluindo-se o radiador. As temperaturas de 80°C e de 40°C são, respectivamente, as de entrada e saída do radiador.
De acordo com a equação do 1º princípio da termodinâmica em regime permanente, conclui-se que a energia que entra é igual à energia que sai do motor, durante o mesmo tempo.
Energia que entra em 1 hora:

$$\dot{m}_C h_C + \dot{m}_{ar} \cdot h_{ar} + \dot{m}_a h_{ae},$$

onde:

$\dot{m}_C$ = vazão de combustível em kg/h

$\dot{m}_{ar}$ = vazão de ar em kg/h

$\dot{m}_a$ = vazão de água em kg/h

Energia que sai do motor durante 1 hora:

$$\dot{m}_a\,h_{as} + \dot{m}_g\,h_g + W,$$

onde:

$\dot{m}_g$ = vazão de gases em kg/h

$\dot{W}$ = potência do motor em kcal/h

Resulta:

$$\dot{m}_C\,h_C + \dot{m}_{AR}\cdot h_{AR} + \dot{m}_a\,h_{ae} = \dot{m}_a\,h_{a2} + \dot{m}_g\,h_g + W$$

$$h_C = 8000 \text{ kcal/kg}$$

$$\dot{m}_{AR} = 20\,\dot{m}_C$$

$$h_{AR} = 5 \text{ kcal/kg}$$

$$\dot{m}_a = 0,5 \text{ kg/s} = 0,5 \times 3600 = 1800 \text{ kg/h}$$

$$h_{ae} = 40 \text{ kcal/kg}$$

$$h_{as} = 80 \text{ kcal/kg}$$

$$\dot{m}_h = \dot{m}_{AR} + \dot{m}_C = 20\,\dot{m}_C + \dot{m}_C = 21\,\dot{m}_C$$

$$h_g = 20 \text{ kcal/kg}$$

$$\dot{W} = 200 \text{ HP} = 200 \times 641 = 128200 \text{ kcal/h}$$

$$8000\,\dot{m}_C + 21\,\dot{m}_C \times 5 + 1800 \times 40 = 1800 \times 80 + 21\,\dot{m}_C \times 20 + 128200$$

$$8000\,\dot{m}_C + 100\,\dot{m}_C + 72000 = 144000 + 420\,\dot{m}_C + 128200$$

$$7680\,\dot{m}_C = 200\,200$$

$$\dot{m}_C = 26,2 \text{ kg de combustível/hora}$$

6.6.9 A figura a seguir representa um tanque contendo 200 kg de uma mistura de líquido e vapor de água com título $x_i = 2\%$ e pressão $p_i = 5$ kgf/cm^2. Uma fonte externa fornece calor ao tanque, cuja água se vaporiza elevando a pressão interna. Quando a pressão atinge 10 kgf/cm^2, a válvula abre-se automaticamente, permitindo a passagem do vapor para a turbina. Com o consumo do vapor, a quantidade de água no estado líquido dentro do tanque se reduz para 20 kg. Nesse instante fecha-se a válvula e cessa o fornecimento de calor.

Supondo-se que durante o funcionamento da turbina a pressão do vapor seja 10 kgf/cm^2, calcular:
a) volume do tanque;
b) massa real (líquido e vapor) no instante final;
c) massa de vapor que saiu do tanque;
d) potência desenvolvida pela turbina sabendo-se que ela funcionou durante 3 horas.
O vapor sai da turbina saturado e seco a uma pressão de 1 kgf/cm^2.

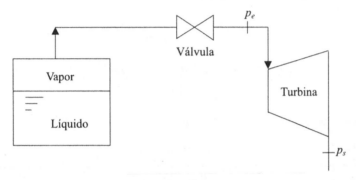

Figura 6.13

Solução:

a) Volume do tanque
O volume específico da mistura de líquido e vapor contida no tanque, em qualquer instante, é calculada por meio da relação entre o volume do tanque e a massa total da mistura.

$$v_i = \frac{V_i}{m_i}$$

v_i = volume específico no instante inicial
m_i = massa total no instante inicial

$v_i = v_L + x_i \Delta v$ (para $p_i = 5$ kgf/cm^2)

$v_i = 0{,}0010918 + 0{,}02 \times 0{,}3817$

$v_i = 0{,}0087$ m^3/kg

$V_i = m_i v_i = 200 \times 0{,}0087 = 1{,}74$ m^3

$V_i = 1{,}74$ m^3

88 Termodinâmica

b) Massa no instante final (m_f)

Volume ocupado pelo vapor no instante final $V_V = V_i - V_L$

$$V_i = 1,74 \text{ m}^3$$

V_L = volume final do líquido

$$V_L = m_L \times v_L = 20 \times 0,0011262 = 0,022524 \text{ m}^3$$

$$V_V = 1,734 - 0,022524 = 1,7175 \text{ m}^3$$

Massa de vapor no instante final (m_V)

$$v_V = \frac{V_V}{m_V}$$

$v_V = 0,1980 \text{ m}^3/\text{kg}$ (vapor saturado a $p = 10 \text{ kgf/cm}^2$)

$$m_V = \frac{V_V}{v_V} = \frac{1,7175}{0,1980} = 8,675 kg$$

$$m_f = m_L + m_V = 20 + 8,675$$

$$m_f = 28,675 \text{ kg}$$

c) Massa de vapor que sai do tanque

$$m_T = m_i - m_f$$

$$m_T = 200 - 28,675$$

$$m_T = 171,325 \text{ kg}$$

m_T representa o vapor que se dirige para a turbina durante 3 horas.

d) Potência da turbina

Em regime permanente

$$\dot{W}_T = \dot{m}_T (h_e - h_s)$$

h_e = entalpia do vapor que entra na turbina
$h_e = h_L + \Delta h$ (vapor saturado a 10 kgf/cm^2)
$h_e = 181,2 + 482,0 = 663,2$ kcal/kg
h_s = entalpia do vapor que sai da turbina
$h_s = h_L + \Delta h$ (vapor saturado a 1 kgf/cm^2)
$h_s = 99,1 + 539,3 = 638,4$ kcal/kg

$$\dot{W}_T = \frac{171,325}{3} (663,3 - 638,8)$$

$$\dot{W}_T = 1399,15 \text{ kcal/h}$$

$$\dot{W}_T = \frac{1399{,}15}{641} = 2{,}18 \text{ HP}$$

$$\dot{W}_T = 2{,}18 \text{ HP}$$

6.6.10 Aplicar a equação geral da termodinâmica a um sistema constituído por uma válvula redutora de pressão, revestida com um isolante térmico. Comprovar que, em regime permanente, a entalpia do fluido tem o mesmo valor na entrada e na saída da válvula.

Considerar desprezível a variação da energia cinética e da energia potencial de posição, entre a entrada e a saída da válvula.

Figura 6.14

$$Q_e + W_e + m_e(h_e + \overline{V}_e^2/2 + gz_e) - Q_s - W_s - m_s(h_s + \overline{V}_s^2/2 + gz_s) = m_f u_f - m_i u_i$$

Em regime permanente, as condições internas dentro da válvula permanecem inalteradas no tempo, portanto,

$$m_i = m_f \qquad u_i = u_f$$

$$m_f u_f - m_i u_i = 0$$

Sendo a válvula isolada, não há transferência de calor entre o fluido que passa por ela e o ar externo, portanto,

$$Q_e = 0 \quad \text{e} \quad Q_s = 0$$

O fluido que passa pela válvula não envolve produção nem consumo de trabalho, portanto,

$$W_e = 0 \quad \text{e} \quad W_s = 0$$

Da equação geral resulta:

$$m_e(h_e + \overline{V}_e^2/2 + gz_e) - m_s(h_s + \overline{V}_s^2/2 + gz_s) = 0$$

$$m_e = m_s$$

$$\frac{\overline{V}_e^2}{2} + gz_e \cong \frac{\overline{V}_s^2}{2} + gz_s$$

Então, resulta $m_1 h_1 = m_2 h_2$, ou seja,

$$\boxed{h_e = h_s}$$

6.6.11 Um bocal de expansão é um dispositivo por onde passa um fluido compressível que sofre redução de pressão, aumento de volume e, conseqüentemente, aumento de velocidade.

Adotemos um bocal revestido com um isolante térmico, por onde passa vapor de água do qual se conhece a pressão na entrada e na saída e a temperatura na entrada. O vapor passa teoricamente sem atrito e, portanto, sem variação de entropia.

Sendo a velocidade do vapor na entrada $\overline{V}_e = 50$ m/s, calcular a sua velocidade na saída $\overline{V}_s$.

Dados:

$$p_e = 5 \text{ kgf/cm}^2 \qquad p_s = 1 \text{ kgf/cm}^2$$
$$t_e = 250°C \qquad S_s = S_e$$

Solução:

Em regime permanente, a energia que entra é igual à que sai do bocal:

$$Q_e + W_e + m_e(h_e + \overline{V}_e^2/2 + gz_e) = Q_s + W_s + m_s(h_s + \overline{V}_s^2/2 + gz_s)$$

$Q_e = Q_s = 0$ (bocal isolado)

$W_e = W_s = 0 \qquad z_e = z_s$

Resulta: $\qquad m_e(h_e + \overline{V}_e^2/2) = m_s(h_s + \overline{V}_s^2/2)$

$\qquad\qquad\qquad m_e = m_s$

$$\boxed{h_e + \frac{\overline{V}_e^2}{2} = -h_s + \frac{\overline{V}_s^2}{2}}$$

$$h_e - h_s = \frac{\overline{V}_s^2}{2} - \frac{\overline{V}_e^2}{2}$$

Da equação acima conclui-se que a variação da entalpia do vapor provoca a elevação da sua energia cinética.

O diagrama $T.s$ representa a transformação do vapor no bocal.

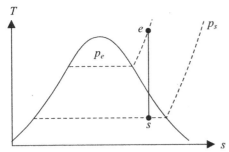

Das tabelas de vapor obtêm-se:

$h_e = 706,8$ kcal/kg
$s_e = 1,738$ kcal/kg.K

Figura 6.15

Cálculo de h_s:

$$h_s = h_L + x_s \Delta h$$

O título x_s é calculado por meio da entropia ($s_s = s_e$).
$s_s = s_L + x_s \cdot \Delta h$ (para $p = 1$ kgf/cm^2)
$1,738 = 0,3096 + x_s \cdot 1,4511$
$x_s = 0,985$
$h_s = h_L + x_s \Delta h$ (para $p = 1$ kgf/cm^2)
$h_s = 99,1 + 0,985 \times 539,9$
$h_s = 631$ kcal/kg

Resulta:

$$706,8 - 631 = \frac{\overline{V}_s^2}{2} - \frac{\overline{V}_e^2}{2}$$

$$\frac{\overline{V}_s^2}{2} - \frac{V_e^2}{2} = 75,8 \text{ kcal/kg}$$

Efetuamos a seguinte transformação de unidades:

$$\frac{\overline{V}_e^2}{2} = \frac{2\,500}{2} \frac{\text{m}^2}{\text{S}^2} = \frac{1\,250}{9,8\,.\,427} \frac{\text{kcal}}{\text{kg}}$$

$$75,8 = \frac{1}{9,8\,.\,427} \left(\frac{\overline{V}_s^2}{2} - \frac{\overline{V}_e^2}{2} \right)$$

$$\overline{V}_s^2 - \overline{V}_e^2 = 2 \times 9,8 \times 427 \times 75,8$$

$$\overline{V}_s^2 = 2\,500 + 634\,000$$

$$\overline{V}_s = 798 \text{ m/s}$$

6.6.12 A figura abaixo representa um tanque metálico de 5 m^3 contendo vapor de água superaquecido à temperatura $t_i = 530°$C e pressão $p_i = 25$ kgf/cm^2. A válvula é aberta e o vapor movimenta a turbina. O vapor dentro do tanque sofre uma queda de pressão em uma transformação isoentrópica, além disso entra na turbina no mesmo estado em que sai do tanque e sai dela, saturado, à pressão de 1 kgf/cm^2. Calcular:

a) energia contida no vapor que sai do tanque;
b) trabalho desenvolvido pela turbina.

O processo termina quando a pressão dentro do tanque chega a 1 kgf/cm^2.

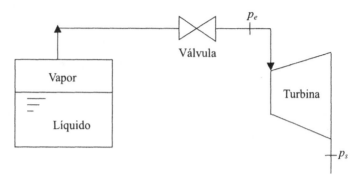

Figura 6.16

Solução:

a) Adotemos o tanque como sistema termodinâmico. A energia inicial $(m_i u_i)$ menos e energia final $(m_f u_f)$ do tanque é igual à energia que saiu do tanque E_s. Supondo que o tanque tenha um isolamento térmico ($Q_e = 0$ e $Q_s = 0$), resulta:

$$m_i u_i - m_f u_f = E_s$$

Cálculo de m_i *e* u_i

Estado inicial: $t_i = 530°C$ $p_i = 25 \text{ kgf/cm}^2$
Da tabela de vapor tira-se:

$$v_i = 0{,}1486 \text{ m}^3/\text{kg}$$

$$h_i = 842{,}2 \text{ kcal/kg}$$

$$s_i = 1{,}77 \text{ kcal/kg.K}$$

$$u_i = h_i - p_i v_i = 842{,}2 - \frac{25 \times 10^4 \times 0{,}1486}{427}$$

$u_i = 755 \text{ kcal/kg}$

$$p_i = 25 \ \frac{\text{kgf}}{\text{cm}^2} = 25 \times 10^4 \ \frac{\text{kgf}}{\text{m}^2}$$

$$p_i v_i = 25 \times 10^4 \times 0{,}1486 \text{ kgf.m/kg} = \frac{25 \times 10^4 \times 0{,}1486}{427} \text{ kcal/kg}$$

1 kcal = 427 kgf.m

$$v_i = \frac{V}{m_i} \ \therefore \ m_i = \frac{V}{v_i}$$

$$m_i = \frac{5}{0{,}1486} = 33{,}7 \text{ kg}$$

$m_i = 33{,}7 \text{ kg}$

1º Princípio da Termodinâmica   93

Cálculo de m_f *e* u_f

$$\text{Estado final} \begin{cases} p_f = 1 \dfrac{\text{kgf}}{\text{cm}^2} \\ S_f = S_i = 1,77 \text{ kcal/K} \end{cases}$$

Da tabela de vapor tira-se:

$$t_f = 110°C$$
$$v_f = 1,781 \text{ m}^3/\text{kg}$$
$$h_f = 644,2 \text{ kcal/kg}$$

$$u_f = h_f - p_f v_f = 644,2 - \frac{1 \times 10^4 \times 1,781}{487}$$

$$u_f = 602,5 \text{ kcal/kg}$$

$$v_f = \frac{V}{m_f} \quad \therefore \quad m_f = \frac{V}{v_f}$$

$$m_f = \frac{5}{1,781} = 2,8 \text{ kg}$$

$$m_f = 2,8 \text{ kg}$$

Resulta:

$$E_s = 33,7 \times 755 - 2,8 \times 602,5$$

$$E_s = 23\,715 \text{ kcal}$$

b) Tomemos a turbina como sistema termodinâmico. A energia que entra menos a energia que sai da turbina com o vapor é igual ao trabalho produzido por ela.

$$E_e - E_S = W_T$$

E_e = energia que entra na turbina, a qual é igual à que sai do tanque
$E_e = 23\,715$ kcal
$E_s = m_s h_s$
m_s = massa de vapor que sai da turbina, a qual é a mesma que sai do tanque

$$m_s = m_i - m_f = 33,7 - 2,8 = 30,9 \text{ kg}$$

h_s = entalpia do vapor saturado que sai da turbina
$h_s = h_L + \Delta h = 99,1 + 539,9 = 639$ kcal/kg
$E_s = 30,9 \times 639 = 19\,700$ kcal
$W_T = 23\,715 - 19\,700$

$$W_T = 4\,015 \text{ kcal}$$

94 Termodinâmica

6.6.13 Um tanque cilíndrico de 1 m de diâmetro e 0,8 m de altura contém água no estado líquido até 0,1 m acima da base. O volume restante é ocupado por vapor saturado à pressão de 2 kgf/cm². O tanque é isolado nas paredes laterais, e a superfície superior permite uma perda de calor da ordem de 1 500 kcal/h . m².

Deseja-se elevar a pressão interna, até a abertura de uma válvula de segurança, que se verifica a 50 kgf/cm². Para isso são acesos 2 maçaricos na base do tanque, cada um consumindo 0,5 kg/min.

Calcular o tempo decorrido entre o instante em que os maçaricos são acesos e o instante da abertura da válvula.

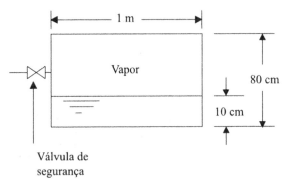

Figura 6.17

Solução:

Chamemos de $\dot{Q}_e = \dot{m}_C \cdot p_C$ o calor fornecido pela queima do combustível.

$\dot{m}_C$ = vazão de combustível (kg/hora)

$\dot{Q}_e$ = fluxo de calor (kcal/hora)

Cálculo de Q_s

Área da superfície superior do tanque:

$$A = \frac{\pi D^2}{4} = \frac{\pi \cdot 1}{4} = 0,786 \text{ m}^2$$

Sabe-se que cada metro quadrado perde 1 500 kcal/hora. Portanto,

$$Q_s = 0,786 \times 1\,500 \times \Delta t = 1\,180 \times \Delta t \text{ kcal}$$

$$Q_s = 1\,180 \times \Delta t \text{ kcal}$$

Cálculo de m_i

Volume do tanque:

$$V = \frac{\pi D^2}{4} \times \text{(altura)}$$

$$V = \frac{\pi \cdot 1}{4} \times 0{,}8 = 0{,}628 \text{ m}^3$$

$$m_i = m_{vi} + m_{Li}$$

$$v_i = \frac{V_{Vi}}{m_{Vi}}$$

m_{Vi} = massa inicial de vapor
m_{Li} = massa inicial de líquido
V_{Vi} = volume inicial ocupado pelo vapor

$$V_{vi} = \frac{\pi D^2}{4} \times 0{,}7 = 0{,}552 \text{ m}^3$$

$v_{Vi} = \pi D^2 / 4 \times 0{,}1 = 0{,}0786 \text{ m}^3$
$v_{Li} = v_L + \Delta v$ (vapor saturado a $p_i = 2 \text{ kgf/cm}^2$)
$v_{Vi} = 0{,}001 + 0{,}903 = 0{,}904 \text{ m}^3/\text{kg}$
$v_{Vi} = 0{,}9018$

Resulta:

$$m_{Vi} = \frac{V_{Vi}}{v_{Vi}} = \frac{0{,}552}{0{,}904}$$

$$m_{Vi} = 0{,}61 \text{ kg}$$

$$m_{Li} = \frac{V_{Li}}{v_{Li}} = \frac{0{,}0786}{0{,}001}$$

$$m_{Li} = 78{,}6 \text{ kg}$$

$$m_i = 0{,}61 + 78{,}6$$

$$m_i = 79{,}21 \text{ kg}$$

Cálculo de u_i *e* u_f

$$u_i = h_i - p_i v_i$$

$$u_f = h_f - p_f v_f$$

$$v_i = v_f$$

$$v_i = v_L + x_i \, \Delta v \; (p_i = 2 \text{ kgf/cm}^2)$$

$$v_i = \frac{m_{Vi}}{m_V} = \frac{0{,}61}{79{,}21} = 0{,}0077 \text{ m}^3/\text{kg}$$

$$h_i = h_L + x_i \, \Delta h \; (p = 2 \text{ kgf/cm}^2)$$

$$h_i = 119{,}9 + 0{,}0077 \times 527$$

$$h_i = 123{,}9 \text{ kcal/kg}$$

$$u_i = h_i - p_i v_i = 123,9 - \frac{2 \times 10^4 \times 0,0079}{427}$$

$$u_i = 123,5 \text{ kcal/kg}$$

No instante final temos:

$$v_f = v_i = 0,0079 \text{ m}^3/\text{kg}$$

$$p_f = 50 \text{ kgf/cm}^2$$

$$v_f = v_L + x_f \Delta v \qquad (p = 50 \text{ kgf/cm}^2)$$

$$x_f = \frac{v_f - v_L}{v} = \frac{0,0079 - 0,001}{0,040} = 0,172$$

$$x_f = 17,2\%$$

$$h_f = h_L + x_f \cdot \Delta h \qquad (p = 50 \text{ kgf/cm}^2)$$

$$h_f = 272,7 + 0,172 \times 390,7$$

$$h_f = 339,9 \text{ kcal/kg}$$

$$u_f = h_f - p_f \cdot v_f = 339,9 - \frac{50 \times 10^4 \times 0,0079}{427}$$

$$u_f = 330,7 \text{ kcal/kg}$$

Resulta:

$$Q_e = Q_s + m_i (u_f - u_i)$$

$$Q_e = 1\,180 \Delta t + 79,21\,(330,7 - 123,5)$$

$$Q_e = (1\,180 \Delta t + 16\,400) \text{ kcal}$$

Cálculo do tempo Δt

$Q_e = 1\,180 \Delta t + 16\,400 = $ total de calor que entrou

$Q_e = m_C \cdot p_C$ (kcal) = calor fornecido pelo combustível

$$\dot{Q}_e = \dot{m}_C \cdot p_C \text{ (kcal/hora)}$$

$$\dot{Q}_e = \frac{Q_e}{\Delta t} = 1180 + 16\,400 / \Delta t$$

$$\dot{Q}_e = 1180 + \frac{16\,400}{\Delta t} = 0,5 \times 2 \times 60 \times 800$$

$$\dot{m}_C = 2 \times 0,5 \times 60 = 60 \text{ kg/h}$$

$$1180 + \frac{16\,400}{\Delta t} = 48\,000$$

$$1\,180 \Delta t + 16\,400 = 48\,000 \Delta t$$

$$t = 0,35 \text{ hora ou 21 minutos}$$

6.6.14 Um cilindro contém um êmbolo que se movimenta devido à vaporização da água, mantendo a pressão constante. O calor utilizado na vaporização provém do vapor superaquecido que passa por uma serpentina. No estado A o título é 10% e no estado B é 60%.

Conhecidos os estados do vapor superaquecido nos pontos de entrada e de saída da serpentina, calcular:
a) volumes V_A e V_B;
b) trabalho realizado pela vaporização da água;
c) calor transferido à água;
d) massa de vapor que passa pela serpentina.

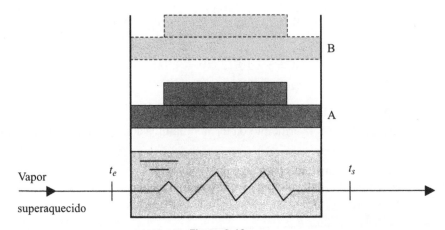

Figura 6.18

Dados:

$t_e = 400°C$
$p_e = 10 \text{ kgf/cm}^2$
$t_s = 250°C$
$p_s = p_e$
$p_a = p_3 = 5 \text{ kgf/cm}^2$
Massa total = 100 kg

Solução:

a) Cálculo dos volumes V_A e V_B

$$v_A = \frac{V_A}{m} \therefore V_A = m v_A = 100 \cdot v_A$$

$$v_B = \frac{V_B}{m} \therefore V_B = m v_B = 100 \cdot v_B$$

$$v_A = v_L + x_A \cdot \Delta v \quad (p = 5 \text{ kgf/cm}^2)$$

$$v_B = v_L + x_B \cdot \Delta v$$

98 Termodinâmica

Para $p = 5$ kgf/cm^2 obtêm-se das tabelas de vapor:

$$v_L = 0,001 \text{ m}^3/\text{kg} \qquad\qquad h_L = 152,2 \text{ kcal/kg}$$

$$\Delta v = 0,3825 \text{ m}^3/\text{kg} \qquad\qquad \Delta h = 505,2 \text{ kcal/kg}$$

$$v_A = 0,001 + 0,1 \times 0,3825 = 0,0392 \text{ m}^3/\text{kg}$$

$$v_B = 0,001 + 0,6 \times 0,3825 = 0,2305 \text{ m}^3/\text{kg}$$

$$\mathbf{V_A = 3,92 \text{ m}^3} \qquad \mathbf{V_B = 23,05 \text{ m}^3}$$

b) Cálculo do trabalho

$$W = \int pdv = p \int_{V_A}^{V_B} dV = p(V_B - V_A)$$

$$W = 5 \times 10^4 (23,05 - 3,92)$$

$$\mathbf{W = 956\,500 \text{ kgf.m}}$$

c) Cálculo do calor
Aplicando-se o $1^{\underline{o}}$ princípio da termodinâmica ao sistema fechado, resulta:

$Q_e - W_s = \Delta U$
Q_e = calor transferido para a água
W_s = trabalho realizado pela vaporização da água
$\Delta U = m(u_B - u_A)$
$Q_e = W_s + m(u_B - u_A)$

$$W_s = 956\,500 \text{ kgf.m} = \frac{956\,500}{427} \text{kcal}$$

$W_s = 2\,240$ kcal

$u_B = h_A - p_A v_A$
$u_B = h_B - p_B v_B$
$h_A = h_L + x_A \, \Delta h = 152,2 + 0,1 \times 505,2 = 202,7$ kcal/kg
$h_B = h_L + x_B \, \Delta h = 152,2 + 0,6 \times 505,2 = 455,3$ kcal/kg

$$u_A = 202,7 - \frac{5 \times 10^4 \times 0,0392}{427} = 198,1 \text{ kcal/kg}$$

$$u_B = 455,3 - \frac{5 \times 10^4 \times 0,2305}{427} = 428,4 \text{ kcal/kg}$$

Resulta:

$$Q_e = 2\,240 + 100(428,4 - 198,1)$$

$$\mathbf{Q_e = 25\,270 \text{ kcal}}$$

d) Cálculo da massa de vapor superaquecido
Da equação do $1^{\underline{o}}$ princípio ao sistema aberto constituído pela serpentina resulta:

$Q_s = m_v (h_e - h_s)$
h_e = entalpia do vapor que entra na serpentina

h_s = entalpia de vapor que sai da serpentina
Q_s = calor que sai da serpentina

Da tabela de vapor superaquecido tira-se:

$$h_e = 778{,}4 \text{ kcal/kg}$$

$$h_s = 702{,}8 \text{ kcal/kg}$$

$$m_V = \frac{Q_s}{h_e - h_s}$$

$$m_V = \frac{25\,270}{778{,}4 - 702{,}8} = 334 \text{ kg}$$

$m_V = 334$ kg

6.7. Exercícios Propostos

6.7.1 Uma turbina recebe vapor superaquecido a 430°C e 25 kgf/cm² e desenvolve uma potência de 15000 HP. O vapor sai a uma pressão de 0,5 kgf/cm² com título $x = 93\%$. Através da carcaça verifica-se uma perda de calor equivalente a 5% da potência desenvolvida.
Calcular a vazão de vapor em kg/h que passa pela turbina.
Resposta: 51348,8 kg/h

6.7.2 Na turbina do exercício anterior efetua-se uma abertura na carcaça em um ponto onde a pressão do vapor é de 10 kgf/cm². Esse vapor é levado para um trocador de calor onde entra a 320°C e sai como líquido saturado na mesma pressão.
Admitindo-se que 42200 kg/h de vapor são introduzidos na turbina calcular:
a) A vazão de vapor extraído da turbina e levado para o trocador de calor que aquece 40000 kg/h de água de 20°C até 80°C.
b) A potência desenvolvida pela turbina, admitindo-se as mesmas condições de entrada e de saída.

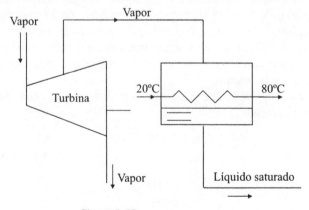

Figura 6.19

100 Termodinâmica

Resposta: $\dot{m}_a = 4308$ kg/h

$\dot{W} = 11969$ HP

6.7.3 Uma tubulação de 20 cm de diâmetro interno transporta vapor superaquecido. Na entrada da tubulação a velocidade do vapor é de 100 m/s e o seu estado é definido pela temperatura de 270°C e pressão de 10 kgf/cm². Ao longo da tubulação verifica-se uma perda de calor de 500 kcal por metro de tubo, por hora.
Sendo a vazão calculada por meio da expressão $\dot{m} = \rho . \bar{V}$. A, calcular a vazão de vapor, sua velocidade e a distância até uma seção distante da seção de entrada, onde a pressão é de 5 kgf/cm² e a temperatura é de 240°C.

$\dot{m}$ = vazão de vapor em kg/s

ρ = massa específica do vapor em kg/m³

A = área da seção transversal do tubo em m²

$\bar{V}$ = velocidade do vapor em m/s

Resposta: $\dot{m} = 45659$ kg/h $\qquad L = 723,8$ m

$\bar{V} = 192$ m/s

6.7.4 Deseja-se aquecer de 50°C a 167°C 200 kg de água que se encontram dentro de um tanque metálico. Injeta-se 40 kg de vapor no tanque, que se misturam com a água e se condensam, resultando 240 kg de água no estado líquido a 167°C.

Pergunta-se:

a) Qual a mínima pressão do vapor para que seja possível o aquecimento da água?
b) Qual a temperatura do vapor se a pressão for 10 kgf/cm²?

Resposta: a) pressão mínima = 7,5 kgf/cm²

b) $t = 446$°C

6.7.5 A instalação representada na figura abaixo funciona em regime permanente, produzindo 5000 kg/h de vapor superaquecido à temperatura de 370°C e pressão de 5 kgf/cm². O calor Q_e é gerado pela queima de um combustível de poder calorífico $p_C = 9500$ kcal/kg, com um rendimento de combustão de 85%. O calor Q_s utilizado no superaquecimento de vapor provém do mesmo combustível, apresentando o mesmo rendimento.
Calcular a vazão em (kg/h) de combustível em cada etapa da produção do vapor superaquecido.

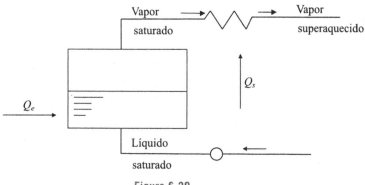

Figura 6.20

Resposta: $\dot{m}_e = 313$ kg/h
$\dot{m}_s = 67$ kg/h

6.7.6 Um condensador instalado na saída de uma turbina funciona em regime permanente. O vapor entra no condensador com título de 95% e pressão de 0,4 kgf/cm² e sai no estado líquido saturado, na mesma pressão.
A água utilizada para a condensação provém de um lago cuja temperatura é 18°C. Após passar pelo condensador, a água sai com 10°C abaixo da temperatura de condensação do vapor.

Para uma vazão de vapor $\dot{m}_v = 35000$ kg/h, qual deve ser a vazão de água?

Resposta: $\dot{m}_a = 389000$ kg/h.

6.7.7 Um cilindro contém 5 kg de líquido e vapor de água com título $x_0 = 80\%$ e pressão $p_0 = 15$ kgf/cm². O cilindro está fechado por meio de um êmbolo, sobre o qual atua uma força F que varia lentamente, permitindo o seu movimento. Reduzindo-se essa força, o êmbolo sobe e a pressão interna decresce até 3 kgf/cm². Não havendo troca de calor, pode-se afirmar que a transformação da mistura líquido-vapor é isoentrópica. Calcular o trabalho realizado pela expansão da mistura para superar a ação da força F, por meio da aplicação da equação do 1º princípio.

Resposta: $W = 73500$ kgf.m

CAPÍTULO 7

2º Princípio da Termodinâmica

A lei que estabelece a conservação da energia não é suficiente para explicar os fenômenos básicos da termodinâmica. Ela estabelece a equivalência entre calor e trabalho, mas não indica, por exemplo, qual a quantidade de calor de uma máquina térmica que pode ser transformada em trabalho. Pela equação do primeiro princípio, matematicamente podemos encontrar uma situação em que resulte $Q_e = W_s$, admitindo-se nulos os demais termos da equação. Na prática, a lei da conservação da energia e a equivalência entre calor e trabalho sofrem algumas restrições, enunciadas na forma de uma segunda lei da termodinâmica. A equação $Q_e = W_s$ indica que uma máquina térmica recebe calor Q_e e o transforma totalmente em trabalho W_s. Veremos mais adiante que isso não é possível e que essa impossibilidade deu origem a uma segunda lei da termodinâmica.

Por outro lado colocando-se dois corpos em contato, com temperaturas diferentes, logicamente passa calor de um corpo para outro no sentido decrescente das temperaturas, e a quantidade de calor cedida por um corpo é igual à que o outro recebe. Embora pareça lógico o fato de haver transferência espontânea de calor do corpo mais quente para o corpo mais frio, ele serve de base também para um dos enunciados da segunda lei.

7.1 Enunciado de Planck-Kelvin

"É impossível admitir-se uma máquina térmica que produza trabalho trocando calor com uma única fonte. A máquina recebe calor de uma fonte quente, transforma uma parte desse calor em trabalho e transfere a diferença para uma fonte fria."

Definindo-se o rendimento de uma máquina térmica como o quociente entre o trabalho produzido e o calor gasto, concluímos que o seu valor nunca pode ser igual a 100%. Tomemos a equação 6.9 em um processo cíclico a um sistema fechado em transformação cíclica. Supondo que ela seja aplicada a uma máquina que transforma calor em trabalho, este é representado por W_s e o trabalho W_e pode ser o de uma bomba necessária para o funcionamento do sistema. O trabalho efetivo produzido pelo sistema é $W_s - W_e$. Da equação 6.9, $Q_e + W_e = Q_s + W_s$, vem que:

$$W_s - W_e = Q_e - Q_s$$

Isso indica que o trabalho efetivo produzido pela máquina é menor que o calor Q_1 gasto, isto é $W_e - W_s < Q_e$. Da definição de rendimento resulta:

$$\eta = \frac{W_e - W_s}{Q_e} < 1$$

A Figura 7.1 representa duas fontes de calor sujeitas às temperaturas t_1 e t_2. Entre as duas fontes está instalada uma máquina cíclica que recebe o calor Q_e da fonte quente, transforma uma parte do calor em trabalho W_s e transfere o calor Q_s para uma fonte fria.

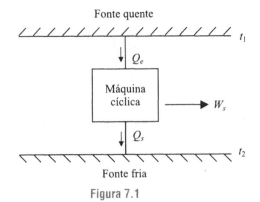

Figura 7.1

Vejamos um exemplo prático de uma máquina cíclica na qual podemos verificar a observância da segunda lei. Suponhamos que a fonte quente seja uma caldeira que produz vapor a uma temperatura t_1. O vapor é transferido para uma turbina que aproveita a sua energia para transformá-la parcialmente em trabalho, o qual pode ser medido no eixo da turbina. O vapor que sai da turbina deve retornar à caldeira fechando o ciclo. A caldeira tem pressão elevada e o vapor que sai da turbina tem pressão reduzida. Antes de se efetuar a compressão desse vapor, ele deve ser liquefeito, e isso implica retirada de calor. Portanto, para se completar o ciclo deve-se instalar um condensador e uma bomba, situados entre a saída da turbina e a entrada da caldeira, conforme indica a Figura 7.2.

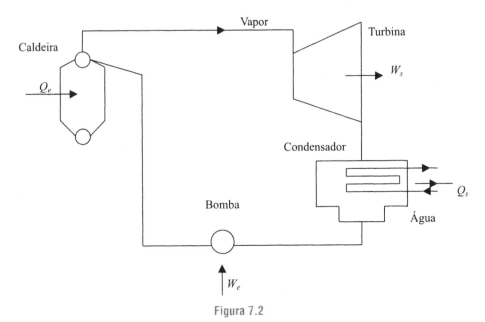

Figura 7.2

A finalidade da máquina cíclica da Figura 7.2 é produzir um trabalho W_s através de uma turbina, para movimentar um gerador. O vapor forma-se à custa da quantidade Q_e de calor que é transferida na caldeira.

Considerando-se como sistema o volume interno dos quatro equipamentos e das tubulações que compõem o ciclo acima, concluímos que se trata de um sistema fechado e que o fluido que se movimenta dentro dele passa por uma transformação cíclica. A transformação é cíclica e o regime é permanente, desde que em todos os pontos do sistema as propriedades do fluido permaneçam constantes. Tomemos, por exemplo, o líquido que passa pela caldeira e se transforma em vapor na pressão p_1 e na temperatura t_1. Esse vapor, ao passar pela turbina, realiza um trabalho W_s, ao passar pelo condensador perde uma quantidade Q_s de calor e ao passar pela bomba recebe, pela compressão, um trabalho W_e. Voltando para a caldeira, esse líquido recebe o calor Q_e e se transforma novamente em vapor no mesmo estado p_1, t_1. Dessa maneira, funcionando em regime permanente, o sistema recebe as energias W_e e Q_e e cede para o meio as energias W_s e Q_s. De acordo com o princípio da conservação da energia, podemos afirmar que $Q_e + W_e = Q_s + W_s$, que nada mais é do que a equação 6.9 do sistema fechado em transformação cíclica.

Por esse exemplo verificamos que, em uma máquina cíclica destinada a transformar calor em trabalho, é inevitável a perda de calor para uma fonte fria. Neste caso, a fonte fria é a água que circula no condensador e retira do vapor o calor Q_s. Em outras palavras, não é possível transformar calor em trabalho em uma máquina cíclica com um rendimento de 100%. Veremos mais adiante que o rendimento de uma máquina térmica fica longe do valor acima.

7.2 Enunciado de Clausius

"É impossível admitir-se uma máquina cíclica que transfere calor de uma fonte fria para uma fonte quente sem que ela se movimente à custa de um trabalho externo."

Isso equivale a dizer que o calor passa espontaneamente de uma fonte quente para uma fonte fria, mas o fluxo de calor em sentido contrário necessita de energia para levá-lo até um potencial mais alto. Uma analogia pode ser feita com a água que se movimenta livremente de um ponto alto para um ponto mais baixo. Para que a água retorne ao ponto elevado é necessário que ela passe por uma bomba. Por essa razão denomina-se *bomba de calor* um conjunto de equipamentos destinados a transferir o calor de uma fonte fria para uma fonte quente.

Em outras palavras, uma bomba de calor nada mais é do que uma geladeira, na qual a fonte fria é a parte interna e a fonte quente é o ar atmosférico que a envolve. O trabalho produzido pelo compressor é o trabalho externo citado no enunciado de Clausius.

A Figura 7.3. representa duas fontes de calor a temperaturas diferentes entre as quais está instalada uma máquina cíclica que retira o calor da fonte fria e o transfere para a fonte quente.

Vejamos em um esquema simplificado como funciona uma geladeira, para podermos exemplificar o enunciado de Clausius.

106 Termodinâmica

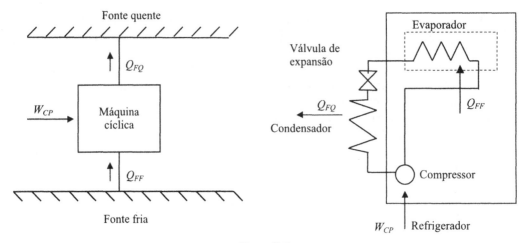

Figura 7.3

Um sistema de refrigeração é composto basicamente por quatro equipamentos: uma válvula de expansão, um trocador de calor (evaporador) que retira o calor da fonte fria, um compressor e um trocador de calor (condensador) que transfere o calor para a fonte quente. A Figura 7.4. representa as partes de um refrigerador e as energias transferidas em um ciclo. O processo por meio do qual o calor é retirado de uma fonte e transferido para a outra não importa no momento.

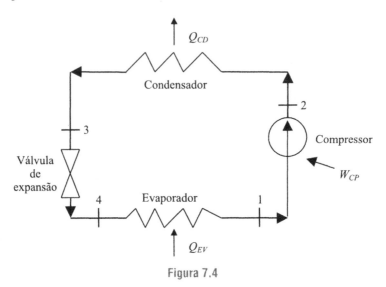

Figura 7.4

Por enquanto, basta que entendamos que um fluido percorre o sistema fechado composto pelas quatro partes do sistema de refrigeração produzindo as trocas de calor e trabalho com o meio que o envolve. Ao passar por uma válvula de expansão, o líquido cria condições para retirar o calor das partes internas do refrigerador. O processo que ocorre em uma válvula de expansão de uma geladeira é o mesmo do GLP (gás liquefeito de petróleo) que escapa quando se faz a sua adaptação em um fogão doméstico. Percebe-se que o gás que sai do botijão está em uma temperatura muito abaixo daquela do ambiente. Da mesma maneira, o fluido utilizado em uma geladeira encontra-se no estado líquido saturado (estado 3 do diagrama $T.s$) e, ao passar pela válvula de expansão, tem a sua temperatura bruscamente reduzida para patamares abaixo da temperatura ambiente (ponto 4 do diagrama $T.s$). Nesse estado, o fluido parcialmente gasoso entra nos tubos do congelador, extraindo o calor do interior da geladeira. Desse modo, ficam estabelecidas as condições para a vaporização total do fluido, passando do estado 4 para o estado 1, conforme mostra a Figura 7.5.

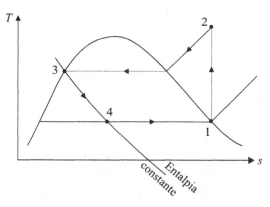

Figura 7.5

O compressor tem a função de elevar novamente a pressão, para viabilizar a repetição do ciclo. Na Figura 7.5 o processo 1 → 2 representa a compressão do gás, com o aumento de sua temperatura. O retorno desse gás para o estado original implica sua condensação a pressão constante. Esse processo ocorre naquilo que se conhece como radiador de uma geladeira. Dentro dele o gás sofre resfriamento e condensação, retornando ao estado líquido saturado para iniciar um novo ciclo.

Através do condensador, o calor retirado do interior da geladeira (fonte fria) é transferido para o ambiente externo, denominado fonte quente. Para que isso ocorra, é necessário o fornecimento de um trabalho.

O fluido parte do ponto (4), definido por p_4 e t_4, recebe o calor Q_{EV} no evaporador, recebe o trabalho W_{CP} no compressor e rejeita o calor Q_{CD} no condensador, voltando novamente ao estado (4). Temos então um sistema fechado em transformação cíclica. Aplica-se, neste caso, a equação 6.9, na qual o trabalho W_2 não comparece, neste sistema.

Resulta da equação 6.9

$$Q_{EV} + W_{CP} = Q_{CD}$$

isto é, o calor que um refrigerador transfere para o ambiente é igual ao calor que ele retira do seu interior somado ao trabalho utilizado na compressão do gás.

Denomina-se de coeficiente de eficácia de um sistema de refrigeração o quociente entre o calor retirado da fonte fria Q_e e o trabalho necessário para o seu funcionamento W_e.

$$\beta = \frac{Q_e}{W_e} = \frac{Q_{EV}}{W_{CP}}$$

Esse número indica quanto calor se retira do interior de uma geladeira por unidade de trabalho gasto para fazê-la funcionar.

Quando se utiliza o calor enviado para o meio ambiente, através do radiador da geladeira, o sistema é entendido como uma bomba de calor. Neste caso, define-se o coeficiente de eficiência ao quociente entre o calor transmitido para a fonte quente e o trabalho consumido pelo sistema:

$$\beta' = \frac{Q_{CD}}{W_{CP}}$$

7.3 Equivalência entre os Enunciados

Embora aparentemente os enunciados de Planck-Kelvin e Clausius sejam diferentes, podemos provar que os dois são equivalentes. Vamos admitir que um deles não seja válido e vamos então concluir a não-validade do outro. Se isso acontecer, estaremos provando a equivalência entre os dois enunciados.

Tomemos um bomba de calor funcionando ciclicamente, sem necessidade de um trabalho externo. Então estamos admitindo um sistema que contradiz o enunciado de Clausius. Suponhamos que o calor enviado para a fonte quente por essa bomba (A) seja utilizado para movimentar uma máquina cíclica (B), conforme indica a Figura 7.6. Suponhamos ainda que os dois sistemas estejam entre fontes de mesma temperatura T_1 e T_2.

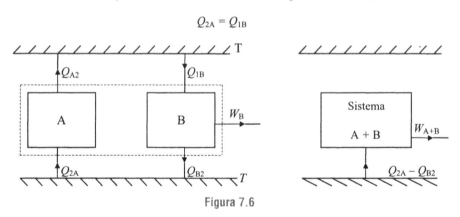

Figura 7.6

Sendo A e B sistemas cíclicos, o sistema constituído pelo conjunto formado por A e B também será cíclico. Vejamos então as transferências de calor e trabalho efetuadas pelo sistema (A + B) representado na Figura 7.5. Sendo $Q_{A2} = Q_{1B}$, o sistema (A + B) não troca calor com a fonte quente. Por outro lado, o sistema (A + B) produz um trabalho W_{A+B} e troca o calor $Q_{2A} - Q_{B2}$ com a fonte fria. Verifiquemos qual o sentido do calor trocado:

$$Q_{2A} = Q_{A2} = Q_{1B} = Q_{B2} + W_B \qquad Q_{1A} = Q_{B2} + W_B \quad \therefore \quad Q_{1A} > Q_{B2}$$

Concluímos que o fluxo é da fonte fria para o sistema (A + B). Temos então um sistema cíclico que recebe calor de uma só fonte ($Q_{2A} - Q_{B2}$) e o transforma totalmente em trabalho W_{A+B}. Isso contradiz o enunciado de Planck-Kelvin e, para se chegar a essa conclusão, foi necessário contradizer o enunciado de Clausius. Fica, desse modo, provado que há uma equivalência entre os dois enunciados.

Podemos também admitir uma máquina que contradiz o enunciado de Planck-Kelvin e a partir disso chegar a uma contradição do enunciado de Clausius.

7.4 Ciclo de Carnot

Já vimos, como exemplo do segundo princípio da termodinâmica, um ciclo constituído por uma caldeira, uma turbina, um condensador e uma bomba, ligados em série, com a finalidade de transformar calor em trabalho. Suponhamos que a água saia da bomba e entre na caldeira no estado líquido saturado e que todos os processos desse ciclo sejam reversíveis. Temos, então, um processo isotérmico na caldeira e no condensador, pois trata-se de evaporação e condensação a pressão constante. Na bomba e na turbina o processo é isoentrópico, porque não há troca de calor, e é reversível. Vamos representar os quatro estados desse ciclo em um diagrama $T.s$ na Figura 7.7.

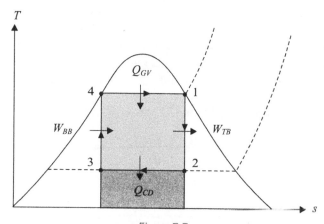

Figura 7.7

O ciclo assim constituído é denominado ciclo de Carnot, que é o teórico, porque todos os seus processos são reversíveis. Entretanto, a sua importância está na utilidade para a definição de alguns conceitos fundamentais da termodinâmica. Uma escala absoluta de temperatura pode ser definida com o auxílio de uma máquina que funciona segundo o ciclo de Carnot.

7.5 Temperatura Termodinâmica Absoluta

A definição da temperatura absoluta está ligada às leis fundamentais da termodinâmica. A temperatura zero na escala absoluta deve representar um limite para a validade dessas leis. O segundo princípio afirma que uma máquina cíclica deve sempre receber calor de uma fonte quente e ceder calor para uma fonte fria para poder realizar algum trabalho. Em outras palavras, o seu rendimento é sempre inferior ao total, que seria 100%. Teoricamente podemos pensar em uma máquina de Carnot com rendimento cada vez maior até se

110 Termodinâmica

aproximar do total. No limite, teríamos uma máquina que transformaria totalmente calor em trabalho e nela o calor cedido à fonte fria seria nulo.

Vejamos qual a relação entre o calor perdido e a temperatura da fonte fria de um ciclo de Carnot. Pela definição da entropia podemos escrever:

$$dS = \frac{\delta Q}{T} \qquad \delta Q = T . dS$$

O calor trocado no condensador pode ser calculado por meio da fórmula $Q_{CD} = \int_{2}^{3} T . ds$, conforme indica a Figura 7.7.

$$\boxed{Q_{CD} = T_{CD} (S_2 - S_3)}$$

Isso indica que a área abaixo da temperatura T_2 do diagrama $T.s$ representa o calor perdido pelo ciclo através do condensador. Pela equação acima conclui-se que a redução da temperatura de condensação e, portanto, da fonte fria reduz também a perda de calor em um ciclo de Carnot. Portanto, reduzindo-se a temperatura da fonte fria, eleva-se o rendimento do ciclo. No limite, quando adotarmos $T_2 = 0$ teremos uma máquina cíclica que transforma calor em trabalho, sem rejeitar calor.

A hipótese acima implicaria uma contradição ao enunciado do segundo princípio. Pelo que foi exposto conclui-se que o zero absoluto deve ser uma temperatura limite para as leis da termodinâmica. De acordo com a Figura 7.7, pode-se concluir:

$$\frac{T_{CD}}{T_{GV}} = \frac{Q_{CD}}{Q_{GV}} \qquad (7.1)$$

O rendimento do ciclo de Carnot pode ser representado, então, em função das temperaturas absolutas.

$$\boxed{\eta_C = 1 - \frac{Q_{CD}}{Q_{GV}} \quad \eta_C = 1 - \frac{T_{CD}}{T_{GV}}} \qquad (7.2)$$

Quando $Q_{CD} = 0$ temos também $T_{CD} = 0$ e resulta $\eta_C = 1$.

7.6 Determinação do Zero Absoluto

Conhecendo-se as condições de funcionamento de uma máquina que opera de acordo com o ciclo de Carnot, podemos determinar a equivalência entre as temperaturas medidas na escala absoluta e relativa. Vamos imaginar uma máquina que produza trabalho trocando calor com uma fonte quente (FQ) e uma fonte fria (FF), cujas temperaturas sejam $t_{FQ} = 200°C$ e $t_{FF} = 40°C$. As quantidades de calor trocadas podem ser determinadas experimentalmente. Suponhamos que elas sejam respectivamente $Q_{GV} = 900$ kcal e $Q_{CD} = 593$ kcal. Calculemos o rendimento do ciclo de Carnot:

$$\eta_C = 1 - \frac{Q_{CD}}{Q_{GV}} = 1 - \frac{593}{900} = 1 - 0,66$$

$$\eta_C = 0,34$$

Por outro lado, vimos que o rendimento pode ser calculado por meio das temperaturas absolutas das duas fontes.

$$\eta_C = 1 - \frac{T_{FF}}{T_{FQ}}$$

Chamemos de x o número que deve ser somado a uma temperatura na escala relativa para atingir a escala absoluta.

$$T_{FF} = t_{FF} + xT_{FQ} = t_{FQ} + x$$

$$\eta_C = 1 - \frac{t_{FF} + x}{t_{FQ} + x} = 0,34$$

$$t_{FQ} + x - t_{FF} - x = 0,34\,(t_{FQ} + x)$$

$$200 - 40 = 0,34\,(200 + x)$$

$$x = \frac{160 - 68}{0,34} = \frac{92}{0,34} = 273$$

Portanto,

$$T_{FQ} = 200 + 273 = 473$$

$$T_{FF} = 40 + 273 = 313$$

A escala de temperatura assim definida chama-se escala Kelvin e o grau zero dessa escala tira-se de:

$$T_0 = t_0 + 273 = 0$$

$$t_0 = -273^{\circ}C$$

7.7 Desigualdade de Clausius

No ciclo representado pelo diagrama $T.s$ da Figura 7.8 os processos 1-2 e 3-4 são adiabáticos e reversíveis, e os processos 2-3 e 4-1 são isotérmicos, efetuando-se nestes as trocas de calor do ciclo. No processo 4-1 o sistema recebe calor na caldeira que transforma o líquido em vapor, em um processo a uma temperatura constante T_1.

No processo 2-3 o sistema cede calor através do condensador à temperatura constante T_2. Vamos atribuir ao calor Q_{GV} o sinal positivo e ao calor Q_{CD} o sinal negativo, e calculemos a somatória das quantidades de calor trocadas pelo ciclo, divididas pelas respectivas temperaturas absolutas.

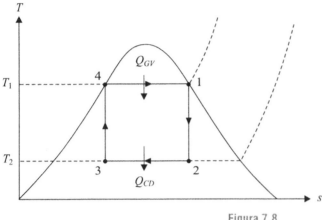

$$\sum \frac{Q_i}{T_i} = \frac{Q_{GV}}{T_1} - \frac{Q_{CD}}{T_2}$$

Figura 7.8

Pela definição da temperatura absoluta, a partir do ciclo de Carnot, que é reversível, temos:

$$\frac{T_2}{T_1} = \frac{Q_{CD}}{Q_{GV}} \qquad \frac{Q_{CD}}{T_2} = \frac{Q_{GV}}{T_1} \qquad \frac{Q_{GV}}{T_1} - \frac{Q_{CD}}{T_2} = 0$$

Portanto, em um processo reversível temos sempre

$$\boxed{\sum \left(\frac{Q_i}{T_i}\right)_{rev.} = 0}$$

Se uma das partes do ciclo for irreversível, o ciclo também se torna irreversível. Vejamos quanto deve ser $\Sigma Q_i/T_i$ em um ciclo nesta nova condição.

Uma turbina real é irreversível. O vapor que passa dentro dela o faz com velocidade muito alta, provocando a transformação de uma parte de sua energia em calor devido ao atrito. O trabalho que ela produz naturalmente é menor do que aquele de uma turbina ideal. Conseqüentemente, o vapor, ao sair da turbina, deve ter acumulado uma quantidade maior de energia, correspondente ao trabalho que deixou de produzir.

Analisando-se o diagrama $T.s$ da Figura 7.9 devemos concluir que o ponto 2 deve estar mais para a direita, o que corresponde a um título maior. O calor gerado pelo atrito provoca a vaporização das partículas de líquido que acompanham o vapor.

A diferença de energia que corresponde ao trabalho da turbina será perdida no condensador pelo vapor que se condensa. Por outro lado, a quantidade de calor na caldeira também não se altera, porque a irreversibilidade da turbina provoca a alteração somente do ponto 2.

O ponto $2T$ indica as condições teóricas (reversíveis) e o ponto $2R$ indica as condições reais (irreversíveis). A área cinza-escuro representa o calor teórico que sai do condensador e a área cinza-claro representa o acréscimo de calor perdido.

$$Q_{CD(real)} > Q_{CD(teórico)}$$

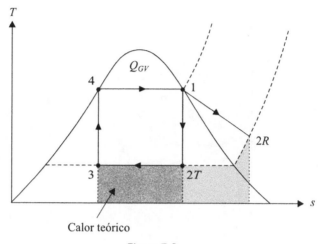
Figura 7.9

Se efetuarmos novamente a somatória das quantidades de calor divididas pelas respectivas temperaturas e compararmos com a do ciclo reversível, concluímos que, neste caso, ela deve ser negativa. As temperaturas são as mesmas e o calor negativo aumentou, portanto

$$\sum \left(\frac{Q_i}{T_i}\right)_{irrev.} < 0$$

Se, em lugar de uma troca de calor isotérmica, a temperatura for variável, podemos supor que a cada temperatura T corresponde uma quantidade dQ elementar de calor. Em lugar da somatória, teremos uma integral.

Resulta então:

$$\oint \frac{dQ}{T} \leq 0 \qquad (7.3)$$

Essa é a expressão da desigualdade de Clausius, que é igual a zero para um ciclo reversível e menor que zero para um irreversível.

7.8 Entropia como Propriedade de Estado

A partir da desigualdade de Clausius podemos demonstrar que a entropia é uma propriedade de estado, isto é, a sua variação depende somente do estado inicial e final do processo.

A Figura 7.10 representa um processo A reversível por meio do qual um gás passa do estado 1 para o estado 2 trocando calor e trabalho com o meio. O processo B também é reversível e transforma o gás do estado 1 no estado 2. Nesse processo também pode haver troca de calor e trabalho com o meio.

O processo C é um processo qualquer reversível pelo qual o gás retorna ao estado 1.

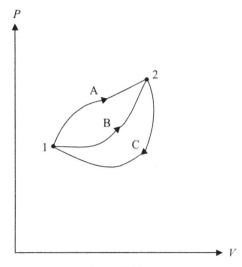

Figura 7.10

Temos então dois ciclos reversíveis, 1A2C1 e 1B2C1, nos quais podemos dizer que

$$\oint \frac{dQ}{T} = 0$$

Ciclo 1A2C1:

$$\int_{1A}^{2A} \frac{dQ}{T} + \int_{2C}^{1C} \frac{dQ}{T} = \oint \frac{dQ}{T} = 0 \qquad (1)$$

Ciclo 1B2C1:

$$\int_{1B}^{2B} \frac{dQ}{T} + \int_{2C}^{1C} \frac{dQ}{T} = \oint \frac{dQ}{T} = 0 \qquad (2)$$

Subtraindo-se (2) de (1), resulta:

$$\int_{1A}^{2A} \frac{dQ}{T} - \int_{1B}^{2B} \frac{dQ}{T} = 0$$

logo,

$$\int_{1A}^{2A} \frac{dQ}{T} = \int_{1B}^{2B} \frac{dQ}{T} = \text{cte} \qquad (7.4)$$

Já definimos a entropia como uma propriedade cuja variação é calculada em um processo reversível por meio da equação

$$\Delta S_1^2 = \int_1^2 \frac{dQ}{T} \qquad (7.5)$$

Pela equação 7.4 concluímos que o valor da integral $\int_1^2 \frac{dQ}{T}$ é o mesmo para qualquer processo A, B, C etc., porque todos são reversíveis. Portanto a entropia é uma propriedade de estado, isto é, a sua variação depende somente dos estados inicial e final e independe do processo A, B, C etc., de transformação, desde que todos sejam reversíveis.

7.9 Variação de Entropia em um Processo Irreversível

Quando queremos calcular a variação de entropia em um processo irreversível, não podemos aplicar a equação 7.5 porque ela é válida somente em um processo reversível. Entretanto, como a entropia é uma propriedade de estado, podemos calcular a sua variação entre os mesmos estados supondo que entre eles exista um ou mais processos reversíveis.

Tomemos como exemplo uma turbina real, portanto irreversível, mostrada na Figura 7.11.

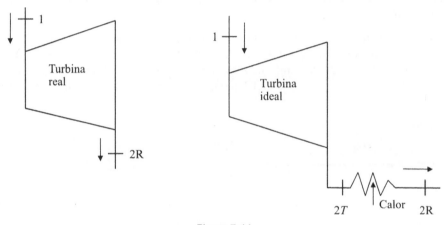

Figura 7.11

O vapor que passa por ela sofre a transformação 1 → 2R. O estado 2R poderia ser atingido por meio de dois processos reversíveis.

O processo 1 → 2R ocorre em uma turbina ideal, isto é, sem atrito e sem troca de calor. O vapor que sai da turbina teria, teoricamente, que ser aquecido para atingir o estado de saída da turbina real. Podemos então calcular a variação da entropia aplicando a equação 7.5 aos processos 1 → 2T e 2T → 2R.

$$\Delta S_1^{2R} = \int_1^{2T} \frac{dQ}{T} + \int_{2T}^{2R} \frac{dQ}{T}$$

Isso significa que a variação da entropia do processo (1-2R) será calculada por meio de duas parcelas: a primeira representa a equação da variação de entropia de vapor ao passar pela turbina em um processo reversível. Não havendo troca de calor pela carcaça da turbina ($dQ = 0$), não há variação de entropia, isto é:

$$\int_1^{2T} \frac{dQ}{T} = 0$$

Resta para o cálculo da variação de entropia a parcela abaixo, correspondente à transformação (2T → 2R). De acordo com a Figura 7.11 essa transformação corresponde a um aquecimento do vapor a pressão e temperatura constantes.

$$\Delta S_1^{2R} = \int_{2T}^{2R} \frac{dQ}{T}$$

$$\Delta S_1^{2R} = \frac{1}{T_2} \int_{2T}^{2R} dQ$$

$$\Delta S_1^{2R} = \frac{Q_{2T}^{2R}}{T_2}$$

Observação: O conceito de entropia em duas parcelas foi visto no Capítulo 2, item 2.3, no qual o calor é apresentado de duas formas: calor trocado com o meio externo e calor gerado pelo atrito.

Exemplo: Calcular a variação de entropia do vapor que passa por uma turbina real, sabendo que, se ele passar pela turbina ideal, deverá receber 50 kcal para atingir o mesmo estado da turbina real. O vapor entra na turbina saturado à pressão de 10 kgf/cm² e sai à pressão de 0,1 kgf/cm². A Figura 7.12 indica o caminho para a solução analítica do problema.

Solução:

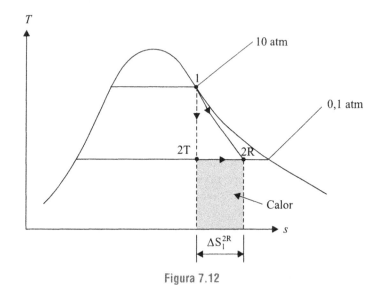

Figura 7.12

$$\Delta S_1^{2R} = \Delta S_1^{2T} + \Delta S_{2T}^{2R} = \int_1^{2T} \frac{dQ}{T} + \int_{2T}^{2R} \frac{dQ}{T}$$

Ao passar pela turbina, o vapor não transfere calor para fora. Portanto,

$$\int_1^{2T} \frac{dQ}{T} = 0$$

$$\int_{2T}^{2R} \frac{dQ}{T} = \frac{1}{T_{2T}} \int_{2T}^{2R} dQ$$

Da tabela de vapor obtém-se $\quad t_{2T} = t_{2R} = 45{,}4°C$

$$T_{2T} = 45{,}4 + 273 = 318{,}4 \text{ K}$$

$$\int_{2T}^{2R} dQ = 50 \text{ kcal}$$

Portanto $\Delta S_1^{2R} = \dfrac{50}{318{,}4} = 0{,}157 \text{ kcal/K}$

7.10 Exercícios Resolvidos

7.10.1 Uma máquina térmica, operando em regime permanente, recebe 500 000 kcal/h de uma fonte quente e produz uma potência de 260 HP.
Calcular:

a) O fluxo de calor transferido para a fonte fria.
b) O rendimento térmico da máquina.
c) A variação de entropia que ocorre na fonte quente e na fonte fria, cujas temperaturas são, respectivamente, 400°C e 50°C.
d) A máquina térmica é de Carnot?

Solução:

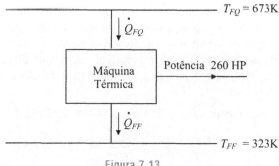

Figura 7.13

a) *Pela equação do primeiro princípio, pode-se afirmar que, em regime permanente:*

$$\dot{Q}_{FQ} = \dot{Q}_{FF} + \dot{W}_2$$

$$\dot{Q}_{FQ} = 500\,000 \text{ kcal/h}$$

$$\dot{W}_2 = 260 \text{ HP} = 260 \times 640{,}8 = 166\,608 \text{ kcal/h}$$

118　Termodinâmica

Resulta:

$$\dot{Q}_r = 333\,392 \text{ kcal/h}$$

b) *Rendimento térmico da máquina*

$$\eta = \frac{\dot{W}}{\dot{Q}_{FQ}} = \frac{166\,608}{500\,000} = 0,333 \qquad \eta = 33,3\%$$

ou

$$\eta = \frac{\dot{Q}_{FQ} - \dot{Q}_{FF}}{\dot{Q}_{FQ}} = 1 - \frac{\dot{Q}_{FF}}{\dot{Q}_{FQ}} = 1 - \frac{333\,392}{500\,000}$$

$$\eta = 33,3\%$$

c) *Variação da entropia*

1. fonte quente

$$\Delta S_{FQ} = \frac{\dot{Q}_{FQ}}{T_{FQ}} = -\frac{500\,000}{673} = -743 \text{ kcal/K.hora}$$

2. fonte fria

$$\Delta S_2 = \frac{\dot{Q}_{FF}}{T_{FF}} = +\frac{333\,392}{323} = 1\,032 \text{ kcal/K.hora.}$$

Observação: Na fonte quente a entropia diminui porque ela perde calor. É óbvio que na fonte fria a entropia aumenta. Observa-se também que, em virtude de o processo ser irreversível, a entropia do universo aumenta, pois a soma das duas variações de entropia é positiva: (1 032 – 743) – 289 kcal/K.hora.

d) Se a máquina térmica fosse de Carnot, o seu rendimento térmico seria:

$$\eta = \frac{T_{FQ} - T_{FF}}{T_{FQ}} = 1 - \frac{323}{673} = 0,52 \quad \text{ou} \quad 52\%$$

Portanto, a máquina térmica não opera segundo um ciclo de Carnot.

7.10.2　Verificar, por meio da desigualdade de Clausius, se é possível haver uma máquina cíclica que receba 2 000 kcal à temperatura de 470°C e produza um trabalho equivalente a 700 kcal. A máquina fornece para a fonte fria uma determinada quantidade de calor à temperatura de 70°C.

2° Princípio da Termodinâmica 119

Solução:

A desigualdade de Clausius estabelece:

$\oint \dfrac{\delta Q}{T} \leq 0$, isto é, a somatória das quantidades de calor trocadas pela máquina, divididas pelas respectivas temperaturas absolutas é sempre menor ou igual a zero.

Calor recebido	$Q_1 = 2\,000$ kcal
Temperatura	$T_1 = 470 + 273 = 743$ K
Calor cedido	$Q_2 = Q_1 - W = 1\,300$ kcal
Temperatura	$T_2 = 70 + 273 = 343$ K

$$\sum \frac{Q}{T} = \frac{Q_1}{T} - \frac{Q_2}{T_2} = \frac{2000}{743} - \frac{1300}{343}$$

$$\sum \frac{Q}{T} = 2,69 - 3,80 = -1,10 \text{ kcal} / \text{K}$$

Portanto:

$$\sum \frac{Q}{T} < 0$$

Conclusão: A máquina está de acordo com o segundo princípio da termodinâmica.

7.10.3 Utilizando os dados do exercício anterior, verificar qual o máximo rendimento que uma máquina pode apresentar quando recebe e cede calor nas temperaturas de 470°C e 70°C respectivamente.

Verificar qual o rendimento apresentado pela máquina do problema anterior e compará-lo com o máximo rendimento possível.

Solução:

O rendimento máximo é aquele apresentado pela máquina de Carnot.

$$\eta_C = 1 - \frac{T_2}{T_1} = 1 - \frac{343}{743} = 0,462$$

$$\eta_{\text{máx}} = \mathbf{46,2\%}$$

Rendimento real da máquina

$$\eta = \frac{W}{Q_1} = \frac{700}{2000} = 0,35$$

$$\eta = 35\%$$

Sendo $\eta = 35\%$ menor que $\eta_{\text{máx}} = 46,2\%$, é possível a existência dessa máquina.

7.10.4 O esquema abaixo apresenta as máquinas A, B e C, que funcionam de acordo com um ciclo de Carnot. Calcular o rendimento e o trabalho da máquina A.

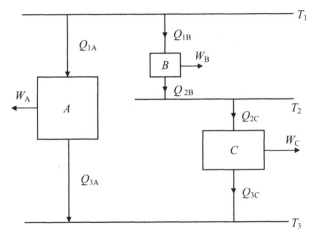

Figura 7.14

Dados:

$T_3 = 300$ K
$W_C = 500$ kcal
$Q_{3C} = 1\,500$ kcal
$W_B = W_C$
$Q_{1B} = 3\,000$ kcal
$Q_{1A} = 7\,000$ kcal

Solução:

Máquina C

$$\eta_C = \frac{W_C}{Q_{2C}}, \quad \text{mas } Q_{2C} = Q_{3C} + W_C$$

$$\eta_C = \frac{500}{2\,000} = 0{,}25$$

Sendo C uma máquina de Carnot, resulta:

$$\eta_C = 1 - T_3/T_2 \quad \therefore$$

$$T_2 = \frac{T_3}{1-\eta_C} = \frac{300}{1-0{,}25} = 400 \text{ K}$$

$T_2 = 400$ K

Máquina B

$$\eta_B = \frac{W_B}{Q_{1B}} = \frac{500}{3000} = 0{,}167$$

$\eta_B = 16{,}7\%$

$$\eta_B = 1 - \frac{T_2}{T_1} \quad \therefore \quad T_1 = \frac{T_2}{1-\eta_B}$$

$$T_1 = \frac{400}{1-0,167} = 480,2 \text{ K}$$

$$T_1 = 480,2 \text{ K}$$

Máquina A

$$\eta_A = 1 - \frac{T_3}{T_1} = 1 - \frac{300}{480,2} = 0,375$$

$$\eta_A = 37,5\%$$

$$\eta_A = \frac{W_A}{Q_{1A}}$$

$$W_A = \eta_A \times Q_{1A}$$

$$W_A = 2\,625 \text{ kcal}$$

7.10.5 O ciclo de Carnot do diagrama apresenta uma fase de vaporização e uma de condensação cujas pressões são 10 kgf/cm² e 0,1 kgf/cm², respectivamente. Conhecendo-se a potência de turbina $\dot{W}_T = 15\,000$ CV.

Calcular:

a) a vazão de vapor que percorre o ciclo (kg/h);
b) a potência utilizada na compressão da mistura (transformação 3-4) em CV;
c) o fluxo de calor trocado na caldeira;
d) o fluxo de calor trocado no condensador;
e) o rendimento térmico do ciclo.

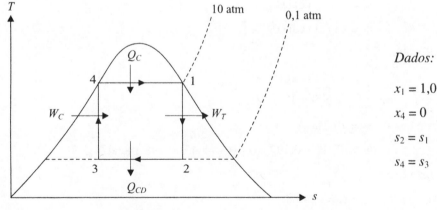

Figura 7.15

Dados:

$x_1 = 1,0$

$x_4 = 0$

$s_2 = s_1$

$s_4 = s_3$

122 Termodinâmica

Solução:

a) *Vazão de vapor*

Cálculo das entalpias e entropias:

$$h_1 = h_V \text{ para } p = 10 \text{ atm}$$

$$s_1 = s_V \text{ para } p = 10 \text{ atm}$$

$$h_4 = h_L \text{ para } p = 10 \text{ atm} \qquad s_4 = s_L$$

$$s_4 = s_L \text{ para } p = 10 \text{ atm}$$

Da tabela de vapor com $p = 10$ atm obtêm-se:

$$h_1 = 663,3 \text{ kcal/kg}$$

$$s_1 = 1,5748 \text{ kcal/kg.K}$$

$$h_4 = 181,3 \text{ kcal/kg}$$

$$s_4 = 0,5088 \text{ kcal/kg.K}$$

Estado 2

$$s_2 = s_1 = 1,5748 \text{ kcal/kg.K}$$

$$s_2 = s_L + x_2\, \Delta s \therefore \quad x_2 = \frac{s_2 - s_L}{\Delta s}$$

$$h_2 = h_1 + x_2\, \Delta h$$

Para $p = 0,1$ kgf/cm^2, obtêm-se da tabela:

$$s_L = 0,1539 \text{ kcal/kg.K}$$

$$s_v = 1,9480 \text{ kcal/kg.K}$$

$$h_L = 45,45 \text{ kcal/kg}$$

$$h_v = 617,0 \text{ kcal/kg}$$

Resulta:

$$x_2 = \frac{1,5748 - 0,1539}{1,9480 - 0,1539} = 0,7920$$

$$x_2 = 79,2\%$$

$$h_2 = 45,45 + 0,792\,(617,0 - 45,45) = 498,1 \text{ kcal/kg}$$

Estado 3

$$s_3 = s_4 = 0,5088$$

$$s_3 = s_L + x_3\, \Delta s \qquad \therefore \quad x_3 = \frac{s_3 - s_L}{\Delta s}$$

$$x_3 = \frac{0,5088 - 0,1539}{1,9480 - 0,1539} = 0,1980$$

$$x_3 = 19,8\%$$

$$h_3 = 45,4 + 0,198\ (617,0 - 45,45) = 158,6\ \text{kcal/kg}$$

A expressão da potência da turbina permite calcular a vazão de vapor:

$$\dot{W}_T = \dot{m}\ (h_1 - h_2) \qquad \therefore \qquad \dot{m} = \frac{W_T}{h_1 - h_2}$$

$$\dot{W}_T = 15\ 000\ \text{CV} = 15\ 000 \times 632,41 = 9\ 486\ 150\ \text{kcal/h}$$

$$\dot{m} = \frac{9\ 486\ 150}{663,3 - 498,1} = 57\ 422\ \text{kg/h}$$

$$\dot{m} = 57\ 422\ \text{kg/h} \qquad (1\ \text{CV} = 632,41\ \text{kcal/h})$$

b) *Potência utilizada na compressão*

$$\dot{W}_C = \dot{m}\ (h_4 - h_3)$$

$$\dot{W}_C = 57\ 422 \times (181,3 - 158,6) / 632,41 = 2\ 061\ \text{CV}$$

c) *Fluxo de calor na caldeira*

$$\dot{Q}_C = \dot{m}\ (h_1 - h_4)$$

$$\dot{Q}_C = 57\ 422\ (663,3 - 181,3) = 27\ 677\ 404\ \text{kcal/h}$$

$$\dot{Q}_C = \mathbf{27,7 \times 10^6\ kcal/h}$$

d) *Fluxo de calor no condensador*

$$\dot{Q}_{CD} = \dot{m}\ (h_2 - h_3)$$

$$\dot{Q}_{CD} = 57\ 422 \times (498,1 - 158,6)$$

$$\dot{Q}_{CD} = 19\ 494\ 769\ \text{kcal/h} = 19,5 \times 10^6\ \text{kcal/h}$$

e) *Rendimento térmico de ciclo*

$$\eta = \frac{\dot{W}_T - \dot{W}_C}{\dot{Q}_C} = \frac{(15\,000 - 2\,061) \times 632,41}{27,7 \times 10^6} = 0,296\ \text{ou}\ 29,6\%,$$

$$\text{ou}\ \eta = \frac{\dot{Q}_C - \dot{Q}_{CD}}{\dot{Q}_C} = 1 - \frac{\dot{Q}_{CD}}{\dot{Q}_C} = 1 - \frac{19\ 494\ 769}{27\ 677\ 404} = 0,296\ \text{ou}\ 29,6\%,$$

$$\text{ou } \eta = 1 - \frac{T_{FF}}{T_{FQ}} = 1 - \frac{(45,45 + 273)}{(179,0 + 273)} = 0,296 \text{ ou } 29,6\%,$$

lembrando que para $p = 10 \text{ kgf/cm}^2$ a temperatura de saturação é 179°C e que para $p = 0,1 \text{ kgf/cm}^2$ a temperatura de saturação é 45,45°C.

7.10.6 Verificar se os resultados obtidos no problema anterior estão de acordo:
a) com o primeiro princípio da termodinâmica;
b) com a desigualdade de Clausius.

Solução:

a) Considerando-se o conjunto caldeira, turbina, condensador e bomba como um sistema fechado, pede-se para aplicar a primeira lei da termodinâmica em regime permanente, do que resulta:

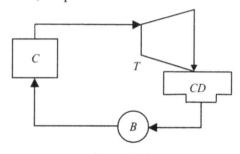

Figura 7.16

$$\dot{Q}_C + \dot{W}_C = \dot{Q}_{CD} + \dot{W}_T$$

Vejamos se os valores encontrados no problema anterior confirmam a primeira lei da termodinâmica:

$$\dot{Q}_C + \dot{W}_C = (27,1 + 1,285) \times 10^6 = 28,385 \times 10^6 \text{ kcal/h}$$

$$\dot{Q}_{CD} + \dot{W}_T = (18,910 + 9,475) \times 10^6 = 28,385 \times 10^6 \text{ kcak/h}$$

b) A desigualdade de Clausius estabelece que:

$$\oint \frac{dQ}{T} < 0 \text{ para o ciclo irreversível}$$

$$\oint \frac{dQ}{T} = 0 \text{ para o ciclo reversível}$$

O ciclo de Carnot é reversível. Portanto,

$$\oint \frac{dQ}{T} = \frac{Q_C}{T_1} - \frac{Q_{CD}}{T_2}$$

As temperaturas t_1 e t_2 são tiradas das tabelas de vapor, em função das pressões p_1 e p_2.

$$t_1 = 179°C \quad \therefore \quad T_1 = 179 + 273 = 452\,K$$

$$t_2 = 45,4°C \quad \therefore \quad T_2 = 45,4 + 273 = 318,4\,K$$

$$\oint \frac{dQ}{T} = \frac{27,1 \times 10^6}{452} - \frac{18,91 \times 10^6}{318,4} = 0$$

7.10.7 Em uma máquina cíclica, o vapor se forma à pressão de 10 kgf/cm² e se condensa a 0,1 kgf/cm². De acordo com os dados abaixo, verificar:
a) se a máquina é irreversível;
b) em que parte do ciclo se processa a irreversibilidade;
c) qual a quantidade de calor perdida em virtude da irreversibilidade.

Dados:

$x_1 = 1,0$
$x_4 = 0$
$x_{2R} = 90\%$
$x_3 = 19,8\%$
$\dot{m} = 10\,000$ kg/h

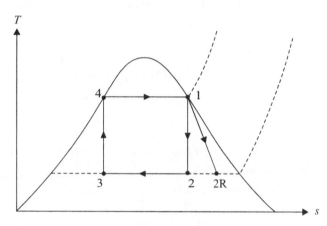

Figura 7.17

Conforme mostra o diagrama $T.s$, o ponto 2 indica uma situação ideal ($s_1 = s_2$) e o ponto 2R indica a situação real, com aumento da entropia.

Solução:

a) *Se a máquina for irreversível, deverá ter:*

$$\oint \frac{dQ}{T} < 0 \quad \therefore \quad \frac{Q_C}{T_1} - \frac{Q_{CD}}{T_2} < 0$$

$$\dot{Q}_C = \dot{m}(h_1 - h_4) = 10\,000\,(664,4 - 181,3)$$

$$\dot{Q}_{CD} = \dot{m}(h_{2R} - h_3)$$

$$h_3 = h_L + x_3\,\Delta h = 45,4 + 0,198 \times 570,5 = 158,4 \text{ kcal/kg}$$

$$h_{2R} = 45,4 + 0,90 \times 570,5 = 557,4 \text{ kcal/kg}$$

126 Termodinâmica

$$\dot{Q}_{CD} = 10\,000\,(557,4 - 158,4) = 3\,990\,000$$

$$\dot{Q}_{CD} = 3\,990\,000 \text{ kcal}/\text{h}$$

$$T_1 = 179 + 273 = 452 \text{ K}$$

$$T_2 = 45,4 + 273 = 318,4 \text{ K}$$

Resulta: $\dfrac{4,831 \times 10^6}{452} - \dfrac{3,990 \times 10^6}{3\,184} = -1\,800 \text{ kcal}/\text{K}$ (a máquina é irreversível)

Portanto: $\displaystyle\oint \dfrac{dQ}{T} < 0$

b) *Se a turbina fosse reversível deveríamos encontrar:*
$h_2 = 495,4 \text{ kcal}/\text{kg}$, como foi encontrado no Exercício 7.10.5, quando se adota $s_2 = s_1 = 1,5779 \text{ kcal}/\text{kg.K}$.

No problema atual encontramos:

$$s_{2R} = s_L + x_{2R}\,\Delta s$$

$$s_{2R} = 0,1539 + 0,90 \times 1,7919 = 1,7689 \text{ kcal}/\text{kg.K}$$

Temos, portanto: $s_{2R} = 1,5770$
$$s_{2R} = 1,7689$$
$$s_{2R} > s_2 \quad \therefore \quad s_{2R} > s_1$$

Quando um processo adiabático (turbina) é irreversível, verifica-se um aumento de entropia.

c) *Calor perdido devido à irreversibilidade*
Essa perda é representada pelo calor que sai pelo condensador no ciclo irreversível, subtraído do calor correspondente ao reversível.

$$\dot{Q}_R = \dot{m}\,(h_{2R} - h_3) = 3,99 \times 10^6 \text{ kcal}/\text{h}$$

$$\dot{Q} = \dot{m}\,(h_2 - h_3) = 10\,000\,(495,4 - 158,4)$$

$$\dot{Q}_R = 3,37 \times 10^6 \text{ kcal}/\text{h (reversível)}$$

Perda adicional de calor, devido à irreversibilidade: $(3,99 - 3,37) \times 10^6$

$$\dot{Q}_P = 620\,000 \text{ kcal}/\text{h}$$

d) *Perda de potência da turbina*

Ideal $\qquad \dot{W}_T = \dot{m}\,(h_1 - h_2)$

Real $\qquad \dot{W}_{T_R} = \dot{m}\,(h_1 - h_{2R})$

Perda de potência $\quad \Delta \dot{W} = \dot{W}_T - \dot{W}_{T_R}$

$$\Delta \dot{W} = \dot{m} (h_{2R} - h_2)$$

$$\Delta \dot{W} = 10\,000 \,(557,4 - 495,4)$$

$$\Delta \dot{W} = 620\,000 \text{ kcal/h}$$

7.10.8 Uma turbina opera com 20 000 kg/h de vapor superaquecido à temperatura de 420°C e pressão de 50 kgf/cm². O vapor sai da turbina à pressão de 0,8 kgf/cm² e título de 93%. Calcular:
a) a potência da turbina;
b) a perda de potência provocada pela irreversibilidade;
c) o rendimento da turbina.

Solução:

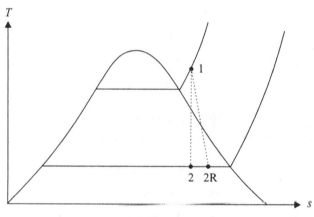

Figura 7.18

Se a turbina fosse reversível, o vapor sairia no estado 2. Sendo irreversível, verifica-se um aumento na entropia e o vapor sai no estado 2R (estado real).

a) *Potência da turbina*

$$\dot{W}_R = \dot{m} (h_1 - h_{2R})$$

$$h_1 = 774,2 \text{ kcal/kg}$$

$$s_1 = 1,6053 \text{ kcal/kgK}$$

$$h_{2R} = h_L + x_{2R} \Delta h$$

$$s_{2R} = s_L + x_{2R} \Delta s$$

Da tabela de vapor obtêm-se, com $p = 0,8$ kgf/cm²:

$$h_L = 93,0 \qquad \Delta h = 543,6$$

128 Termodinâmica

$$s_L = 0,2931 \qquad \Delta s = 1,4852$$

$$h_{2R} = 93 + 0,93 - 543,6 = 599$$

$$s_{2R} = 0,2931 + 0,93 \times 1,4852 = 1,67$$

$$\dot{W} = 20\,000\,(774,2 - 599) = 3\,504\,000\;\text{kcal}/\text{h}$$

$$\dot{W}_R = 5\,530\;\text{CV} = \text{potência real da turbina}$$

b) *Perda de potência*

$$\Delta\dot{W} = \dot{W}_T - \dot{W}_R$$

$$\dot{W}_I = \text{potência teórica}$$

$$\dot{W}_R = \text{potência real}$$

$$\dot{W}_R = 5\,530\;\text{CV}$$

$$\dot{W}_T = \dot{m}\,(h_1 - h_2)$$

Do diagrama de Mollier tira-se $h_2 = 573$ (ideal, com $s_1 = s_2$):

$$\dot{W}_T = 20\,000\,(774,2 - 573) = 4\,026\,000\;\text{kcal}/\text{h}$$

$$\dot{W}_T = 6\,380\;\text{CV}$$

Resulta:

$$\Delta\dot{W} = 6\,380 - 5\,530$$

$$\Delta\dot{W} = 850\;\text{CV}$$

A perda de potência é provocada pelo desgaste do vapor ao passar pela turbina. Na turbina teórica o vapor é considerado um *fluido ideal, isto é, sem viscosidade*. Nesse tipo de fluido, o escoamento é livre e não apresenta desgaste. Na turbina real, o atrito do vapor em movimento reduz uma parcela da potência e aumenta a energia de vapor que sai da turbina. Esse aumento de energia é perdido junto com o vapor. A redução de energia da turbina irreversível comparada com a reversível pode ser calculada por meio da diferença de entalpia: $(h_{2R} - h_2)$.

Portanto: $\Delta\dot{W} = \dot{m}\,(h_{2R} - h_2)$

c) *Rendimento*
O rendimento de uma turbina é a relação entre a potência real e a ideal.

$$\eta = \frac{\dot{W}_R}{\dot{W}_T} = \frac{5\,530}{6\,380} = 0,867$$

$$\eta = \mathbf{86,7\%}$$

7.10.9 Misturando-se 5 kg de água a 25°C com 8 kg a 70°C, resultam 13 kg de água na mesma temperatura. Pede-se para:

a) calcular a temperatura final da mistura;
b) demonstrar numericamente que houve um acréscimo na entropia do universo.

Solução:

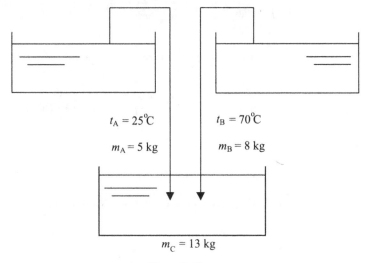

Figura 7.19

a) *Temperatura final*

$$m_A h_A + m_B h_B = m_C h_C$$

$$h_A = m \cdot C \cdot t_A$$

$$h_B = m \cdot C \cdot t_B \qquad m = 1 \text{ kg}$$

$$h_C = m \cdot C \cdot t_C$$

Resulta: $\quad t_C = \dfrac{m_A t_A + m_B t_B}{m_C}$

$$t_C = \frac{5,25 + 8,70}{13} = 52,7$$

$$t_C = \mathbf{52,7°C}$$

A mesma temperatura poderia ser calculada tendo-se por base que o calor que aquece a massa m_A provém integralmente da massa m_B.

$$m_A \cdot c(t_C - t_A) = m_B \cdot c(t_B \cdot t_C)$$

$$m_A \cdot t_C - m_A \cdot t_A = m_B t_B - m_B \cdot t_C$$

$$(m_A + m_B) t_C = m_A t_A + m_B t_B$$

$$t_C = \frac{m_A t_A + m_B t_B}{m_A + m_B}$$

130 Termodinâmica

b) *Acréscimo de entropia do universo*

Neste caso, o universo é constituído pelas massas m_A e m_B.

$$\Delta S_A = \int_{t_A}^{tc} \frac{dQ}{T} = \int_{t_A}^{tc} m_A c \frac{dT}{T} = m_A c \; \ln \frac{T_C}{T_A}$$

$$\Delta S_A = S \, . \, \ln \frac{52,7+273}{25+273} = 0,444 \; \text{Kcal/K}$$

$$\Delta S_B = \int_{t_B}^{tc} mc \frac{dT}{T} = m_B c \quad \ln \frac{T_C}{T_B}$$

$$\Delta S_B = 8 \, . \, \ln \frac{52,7+273}{70+273} = - \, 0,414 \; \text{kcal/K}$$

Resulta:

$$\Delta S_{universo} = S_A + S_B$$

$$\Delta S_{universo} = 0,444 - 0,414 = 0,03 \; \text{kcal/K}$$

7.11 Exercícios Propostos

7.11.1 Uma máquina térmica, funcionando de acordo com o ciclo de Carnot, recebe 5 000 000 de quilocalorias por hora da fonte quente, cuja temperatura é de 184°C. A potência consumida na fase de bombeamento é de 200 CV e a temperatura da fonte fria é de 47°C.

Calcular:

a) o rendimento térmico da máquina;
b) o fluxo de calor cedido à fonte fria;
c) a potência produzida pela máquina.

Resposta: $\eta = 30\% \quad \dot{Q} = 3\,500\,000 \; \text{kcal/h} \quad \dot{W} = 2\,570 \; \text{CV}$

7.11.2 Uma tubulação é percorrida por vapor à pressão de 20 kgf/cm². No início, o vapor é saturado seco. Ao longo da tubulação, ele perde calor através do isolante e uma parte se condensa. Na outra extremidade, o título do vapor é de 93%. A vazão de vapor que entra na tubulação é de 40 000 kg/h.

Calcular:

a) a massa de condensado que se acumula na tubulação em 1 hora;
b) a quantidade de calor perdido em 1 hora;
c) a variação de entropia de 1 kg de vapor entre o início e o fim da tubulação.

Resposta: $\dot{m} = 2\,800 \; \text{kg/h} \quad \dot{m} = 1\,267\,280 \; \text{kcal/h} \quad \Delta S = 0,066 \; \text{kcal/K}$

2° Princípio da Termodinâmica   131

7.11.3 Um recipiente contém uma pedra de gelo, apoiada sobre uma placa inclinada. O conjunto está em equilíbrio térmico a 0°C. O recipiente desliza sobre a placa provocando o aquecimento desta até 8°C e a fusão de 5 kg da pedra de gelo.

Calcular:

a) o calor transferido para o gelo e para a placa;
b) a variação de entropia do bloco inicial de gelo e da placa;
c) a variação da entropia do universo, justificando o sinal positivo.

Considerar desprezível a massa do recipiente que contém o gelo.

Dados:
calor latente de fusão do gelo $c_L = 80$ kcal/kg
calor sensível do material da placa $c_S = 5$ kcal/kg°C

Resposta: $Q_g = 400$ kcal $Q_p = 400$ kcal
$\Delta S_g = 1,465$ kcal/K $\Delta S_p = 1,465$ kcal/K
$\Delta S_u = 2,95$ kcal/K

A entropia do universo aumenta devido ao fato de o processo ser *irreversível*.

7.11.4 Calcular a entropia de 1 kg de água no estado líquido saturado, à pressão de 18 kgf/cm², e o acréscimo de entropia que ocorre durante a fase de vaporização dessa água e confrontar os resultados com os respectivos valores obtidos nas tabelas de vapor.
Adotar o calor sensível da água igual a 1 kcal/kg°C

Resposta: $s_L = 0,563$ kcal/kgK $s = 0,958$ kcal/kgK

7.11.5 Um trocador de calor é constituído por dois tubos concêntricos, envolvidos por um isolante térmico, que impede qualquer perda de calor para o ambiente. O tubo menor é percorrido por vapor saturado, transferindo calor para a água que passa dentro do outro tubo. A temperatura do vapor é de 179°C e a temperatura da água varia de 20°C a 85°C.

Conhecendo-se a vazão de vapor e admitindo-se uma condensação total, calcular:

a) a capacidade de aquecimento de água do trocador de calor, em kg/h;
b) a variação de entropia da água e do vapor durante uma hora;
d) a variação de entropia do universo durante uma hora.

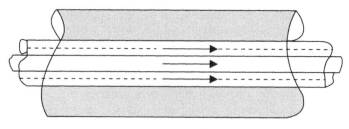

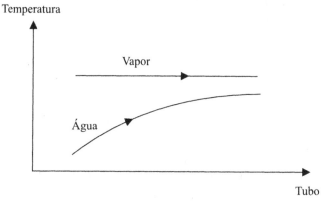

Figura 7.20

Dado:

vazão de vapor $\dot{m}_v = 1\,000$ kg/h

Resposta: $\dot{m}_a = 744$ kg/h

$\Delta S_a = 166$ kcal/K.h $\qquad \Delta S_V = -107$ kcal/K.h

$\Delta S_u = 59$ kcal/K.h

7.11.6 Um ciclo de Carnot recebe calor de uma fonte, cuja temperatura é de 700°C, e forma vapor de água saturado à pressão de 100 kgf/cm². Na fase de condensação a pressão é de 0,5 kgf/cm² e a máquina cede calor à fonte fria, cuja temperatura é de 353,9 K.
Sendo a potência útil da máquina 2 000 CV, calcular:

a) o rendimento térmico da máquina;
b) os fluxos de calor trocados pela máquina;
c) a variação de entropia da máquina e do meio (fontes de calor);
e) a variação de entropia do universo.

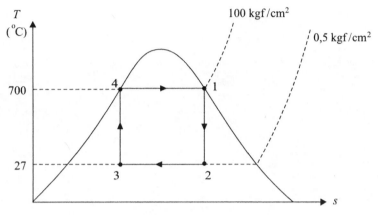
Figura 7.21

Resposta: η = 69,2%

$\dot{Q}_1 = 1{,}83 \cdot 10^6$ kcal/h $\qquad \dot{Q}_2 = 1{,}92 \cdot 10^6$ kcal/h

$\Delta S_{máq} = 0$ $\qquad \Delta S_{meio} = 1\,870$ kcal/K

$\Delta S_u = 1\,870$ kcal/K

CAPÍTULO 8

Ciclo de Rankine

8.1 Ciclo Ideal de Rankine

O ciclo de Carnot representado na Figura 8.1(a) apresenta uma grande dificuldade para ser colocado em prática, devido à mistura líquido-vapor de água que sai do condensador e é comprimida para entrar na caldeira. A dificuldade consiste na compressão de vapor e do líquido separadamente. Além disso, a energia gasta na compressão de vapor é muito maior do que seria gasta para comprimir a mesma quantidade de líquido. Portanto, é muito mais prático um ciclo que tenha somente líquido na entrada da bomba. Esse ciclo está representado na Figura 8.1(b).

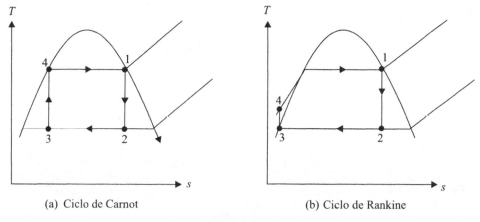

(a) Ciclo de Carnot (b) Ciclo de Rankine

Figura 8.1

O ciclo de Rankine é então aquele que se obtém quando o ponto 3 é deslocado para a linha de líquido saturado. Dessa maneira, o ponto 4, que representa o estado da água que entra na caldeira, fica abaixo da temperatura de saturação. A função da caldeira nesse novo ciclo é aquecer e vaporizar a água em um processo a pressão constante. No ciclo de Carnot a caldeira somente vaporiza a água em um processo a temperatura constante.

Comparando-se os dois ciclos da Figura 8.1 observamos que ambos têm dois processos com entropia constante. Os outros dois processos no ciclo de Carnot são realizados a temperatura constante e no ciclo de Rankine são realizados a pressão constante.

136 Termodinâmica

Podemos então definir um ciclo ideal de Rankine como aquele que tem dois processos adiabáticos (bomba e turbina) e dois processos isobáricos (caldeira e condensador), sendo todos eles reversíveis.

8.2 Rendimento do Ciclo de Rankine

Vimos no ciclo de Carnot que o seu rendimento pode ser calculado por meio das temperaturas absolutas das duas fontes.

$$\eta_C = 1 - \frac{T_2}{T_1}$$

No ciclo de Rankine não podemos aplicar a mesma expressão porque as temperaturas das duas fontes não são constantes, entretanto podemos afirmar, por analogia com o ciclo de Carnot, que o seu rendimento depende das temperaturas médias das duas fontes. Isso significa que, se reduzirmos a temperatura de condensação e vaporização da água, o rendimento do ciclo de Rankine aumenta. Vejamos quais os fatores que influem na variação do rendimento.

No ciclo de Carnot vimos que o rendimento de uma máquina térmica cíclica pode ser definido como a relação entre o trabalho útil e o calor gasto para a sua obtenção. Entende-se por trabalho útil a diferença entre o trabalho produzido pela turbina e o trabalho gasto pela bomba. Tudo se passa como se uma parte do trabalho da turbina fosse utilizada para movimentar a bomba.

$$\eta = \frac{W_T - W_B}{Q_C}$$

Pelo princípio da termodinâmica relacionado a um sistema cíclico, podemos afirmar que:

$$W_T + Q_C = Q_{CD} + W_B$$

ou

$$W_T - W_B = Q_C - Q_{CD},$$

resultando

$$\eta = \frac{Q_C - Q_{CD}}{Q_C}$$

$$\eta = 1 - \frac{Q_{CD}}{Q_C}$$

A elevação do rendimento pode ser obtida por meio de dois processos: aumento do consumo de calor da caldeira ou redução da perda de calor do ciclo através do condensador.

No diagrama $T.s$ a área situada abaixo das linhas de pressão constante representa as quantidades de calor trocadas pelo ciclo.

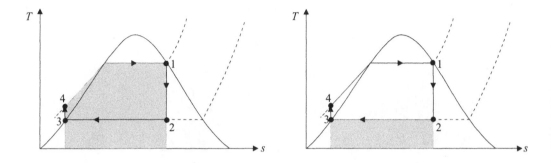

Calor trocado na caldeira e no condensador

Figura 8.2

8.3 Fatores que Influem no Rendimento de um Ciclo de Rankine

Vamos lembrar que a temperatura média da fonte quente, quando elevada, ou a da fonte fria, quando reduzida, pode melhorar o rendimento de um ciclo de Rankine. A temperatura média da fonte quente pode ser elevada de três maneiras diferentes:

a) elevando-se a temperatura do ponto 1 da Figura 8.1, mantendo-se constante a pressão.
b) elevando-se o patamar que representa a vaporização da água no diagrama $T.s$, da Figura 8.1.
c) elevando-se a temperatura do ponto 4.

Por outro lado, a temperatura média da fonte fria pode ser reduzida rebaixando-se o patamar que representa a condensação da água

Vejamos cada um desses processos separadamente.

8.3.1 Utilização de Vapor Superaquecido

Uma caldeira pode produzir vapor saturado se ele for retirado diretamente do tubulão de vapor. Se esse vapor saturado seco passar por uma outra fonte de calor, ele pode ser aquecido acima da temperatura de saturação, sem que sua pressão seja alterada. O funcionamento de um gerador de vapor é explicado com mais detalhes no Capítulo 1. A Figura 8.3 mostra dois ciclos, um com vapor saturado e outro com vapor superaquecido, bem como as áreas que representam as trocas de calor na caldeira Q_C e no condensador Q_{CD}.

Lembremos que o rendimento é dado pela expressão

$$\eta = 1 - \frac{Q_{CD}}{Q_C}$$

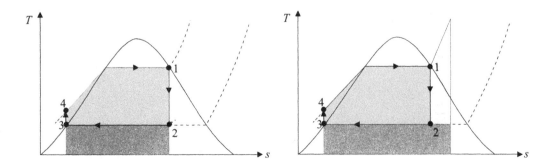

Calor trocado na caldeira e no condensador

Figura 8.3

Pela Figura 8.3 pode-se facilmente observar, por comparação de áreas, que quando se utiliza vapor superaquecido a relação de calor trocado Q_{CD}/Q_C é menor do que no caso de vapor saturado. Dessa maneira, o rendimento aumenta com a utilização de vapor superaquecido, em lugar de saturado.

8.3.2 Elevação da Pressão do Vapor

O aumento da temperatura de vapor da caldeira está limitado pela resistência mecânica do material em altas temperaturas, pela temperatura da combustão etc. Por isso, quando já se tem o vapor a uma temperatura considerada elevada, deve-se lançar mão de outro recurso para melhorar ainda mais o rendimento do ciclo de Rankine.

Se a caldeira produzir vapor a uma pressão mais alta, mantendo-se a sua máxima temperatura, teremos a vaporização a uma temperatura mais elevada. Embora a máxima temperatura seja a mesma, a temperatura média do vapor aumenta. A Figura 8.4 mostra o vapor produzido pela caldeira em duas pressões diferentes e as alterações que isso acarreta ao ciclo.

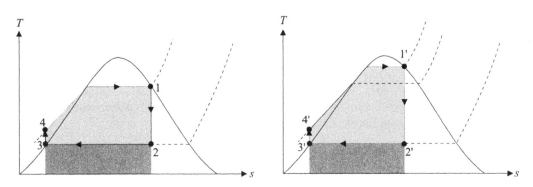

Calor trocado na caldeira e no condensador

Figura 8.4

A Figura 8.4 mostra dois ciclos (1, 2, 3, 4, 1) e (1', 2', 3', 4', 1'), nos quais somente o ponto 3 permanece inalterado. Verifica-se que o aumento de pressão do vapor realmente eleva a temperatura média da fonte quente, isto é, o vapor se forma a uma temperatura mais elevada. Para isso é necessário que a temperatura da fornalha seja maior, porque é nos tubos da fornalha que a água se transforma em vapor.

Verifica-se, entretanto, que o ponto 2 se desloca para a esquerda à medida que aumenta a pressão de vapor. Isso significa que a quantidade de líquido na saída da turbina aumenta. Em uma turbina, o vapor tem uma velocidade muito alta e a presença de líquido no vapor pode colocar em risco a segurança da turbina, fato que pode limitar a pressão do vapor que entra na turbina. Entretanto, pode-se lançar mão de um recurso que permite o uso de vapor em altas temperaturas sem afetar a segurança da turbina devido à presença de líquido. Vejamos no item seguinte como isso é possível.

8.3.3 Reaquecimento do Vapor

Tomemos o ciclo da Figura 8.3 como base e substituamos a turbina por duas outras ligadas em um mesmo eixo. O vapor que entra na primeira turbina tem a máxima pressão da caldeira. Saindo dela, ele volta para a caldeira para um reaquecimento antes de passar pela segunda turbina. Como o vapor sofre uma descompressão, ele entra na segunda turbina com uma pressão mais baixa. Por isso elas são chamadas de turbina de alta e de baixa pressão respectivamente. Esse novo ciclo está representado na Figura 8.5.

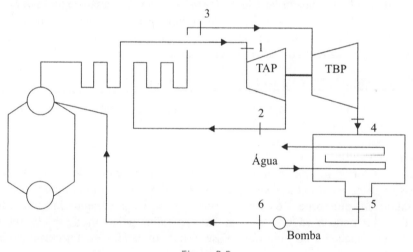

Figura 8.5

TAP – turbina de alta pressão
TBP – turbina de baixa pressão

No ciclo da Figura 8.5 a transformação 2-3 representa o reaquecimento à pressão constante de vapor que provém da primeira turbina. Na caldeira, os tubos que provocam o reaquecimento são independentes dos tubos de vaporização, podendo conter vapor com pressões diferentes.

Vamos representar esse ciclo no diagrama $T.s$. Pode-se observar que o reaquecimento deslocou para a direita o ponto de saída do vapor na última etapa da turbina. De fato, se o vapor passasse para a segunda turbina sem reaquecimento, o seu estado estaria representado pelo ponto 2'. O reaquecimento permite a presença de um vapor mais seco na saída da segunda turbina.

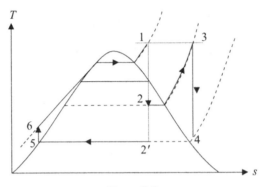

Figura 8.6

Conclui-se então que o uso de altas pressões de vapor é viável, desde que acompanhado de um reaquecimento. Na Usina Termoelétrica Piratininga estão instalados quatro ciclos sendo dois com reaquecimento de vapor. Os dois ciclos mais antigos não têm reaquecimento; apresentam um rendimento da ordem de 29% e usam vapor à pressão de 68 kgf/cm^2. As suas unidades mais modernas, que utilizam reaquecedores e pressão máxima de 136 kgf/cm^2, conseguem um rendimento da ordem de 31%. Nos quatro ciclos, a temperatura máxima do vapor produzido pela caldeira é praticamente a mesma, em torno de 538°C.

8.3.4 Preaquecimento de Água

No início do item 8.3 dissemos que uma das maneiras de elevar o rendimento do ciclo era por meio da elevação da temperatura do ponto 4 da Figura 8.4. Na prática isso se consegue introduzindo-se preaquecedores no trajeto da água que se dirige para a caldeira, conforme indica a Figura 8.7.

O preaquecedor representado na Figura 8.7 é um trocador de calor formado por tubos, dentro dos quais passa a água. Externamente, os tubos entram em contato com o vapor extraído da turbina que fornece o calor necessário para o aquecimento da água. Por ser um trocador de calor onde o vapor e a água são separados pela superfície dos tubos, ele é denominado preaquecedor de superfície. Esse tipo de trocador de calor permite que a água e o vapor tenham pressões diferentes, isto é, $p_4 \neq p_6$.

Por outro lado, durante o preaquecimento a pressão da água não se altera ($p_5 = p_4$) e o vapor, ao ceder calor, se condensa sem mudar a sua pressão ($p_7 = p_6$). O condensado volta para o ciclo através do condensador.

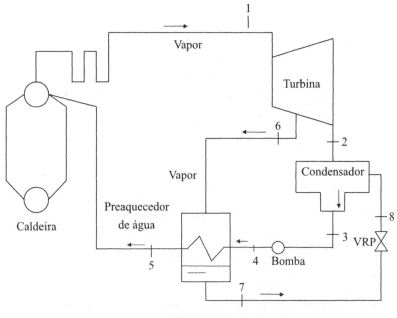

Figura 8.7

Vejamos porque se introduz uma válvula redutora de pressão (VRP) entre o preaquecedor e o condensador. Na turbina o vapor sofre uma descompressão contínua, sendo extraída uma parcela para o preaquecimento à pressão $p_6 < p_1$. O vapor restante continua a sua descompressão dentro da turbina até atingir a pressão p_2, determinada pelo condensador. Tem-se então $p_1 > p_6 > p_2$, sendo $p_2 = p_3$. Já vimos que $p_6 = p_7$. Portanto $p_7 > p_3$, isto é, o condensado do preaquecedor tem pressão maior que o condensado do condensador. A válvula instalada entre os pontos 7 e 8 da Figura 8.7 tem a finalidade de trazer o condensado até a pressão do condensador, $p_8 = p_3$. Resumindo, temos:

$$p_1 = p_5 = p_4$$
$$p_6 = p_7 \qquad \text{sendo } p_1 > p_6 > p_2$$
$$p_2 = p_3 = p_8$$

Vejamos o diagrama $T.s$ desse ciclo.

No diagrama colocamos o ponto 7 na linha de líquido saturado. Na prática esse ponto pode estar abaixo do ponto de saturação.

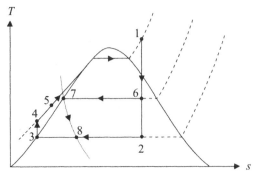

Figura. 8.8

8.3.5 Redução da Temperatura de Condensação

Lembrando que o rendimento de um ciclo de Rankine aumenta quando se reduz a temperatura média da fonte fria, vejamos na prática como isso pode ser obtido. A Figura 8.9 mostra dois ciclos com pressões diferentes no condensador (1, 2, 3, 4, 1) e (1, 2', 3', 4', 1). A área do diagrama $T.s$ situada abaixo da linha de condensação representa o calor cedido pelo ciclo. Pode-se, por comparação de áreas, observar que quando a pressão p_2 é rebaixada para p_2', o calor retirado do vapor para condensá-lo também se reduz, isto é, $Q'_{CD} < Q_{CD}$. A quantidade de calor necessária para a formação do vapor na caldeira se altera muito pouco porque os pontos 4 e 4' são quase coincidentes e o ponto 1 é comum aos dois ciclos. Dessa maneira, o rendimento $\eta' = 1 - Q'_{CD}/Q_C$ é maior que o do ciclo de maior pressão $\eta = 1 - Q_{CD}/Q_C$.

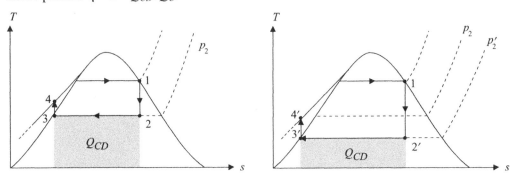

Figura 8.9

No item 1.3 vimos como funciona um condensador de vapor. Vejamos na prática como se reduz a pressão de condensação. Lembremos que o condensador é formado por um conjunto de tubos metálicos em torno dos quais passa o vapor que está se condensando e que por dentro dos tubos passa a água que recebe o calor do vapor. A temperatura em que se efetua a condensação depende principalmente dos seguintes fatores: temperatura da água de resfriamento do condensador, quantidade dessa água que passa por hora, e estado de limpeza dos tubos do condensador.

A troca de calor depende fundamentalmente da diferença de temperatura entre o vapor e a água. Reduzindo-se a temperatura desta para manter a mesma quantidade de condensação, automaticamente a sua temperatura também diminui. Uma instalação termoelétrica necessita de uma grande quantidade de água para o seu condensador e muitas vezes essa água provém de recursos naturais, como um rio, um lago ou o mar. Dessa maneira, o rendimento da instalação depende das condições climáticas. Logicamente, uma instalação que funciona segundo o ciclo de Rankine tem no inverno um rendimento maior do que no verão. Esse fator é o mais importante no funcionamento de um ciclo de Rankine, como poderá ser observado nos exercícios resolvidos no final deste capítulo.

Por outro lado, um aumento no rendimento pode ser conseguido em uma instalação quando se eleva a quantidade de água de condensação, entretanto esse fator implica adotar bombas de maior potência. Lembrando que o rendimento do ciclo depende também dessa potência, conclui-se que há um limite a partir do qual a adoção de bombas maiores implica a redução do rendimento. A equação abaixo mostra a importância da potência da bomba no rendimento da instalação.

$$\eta = \frac{W_t - W_B}{Q_C}$$

A influência da bomba deve ser lembrada na fase de projeto da instalação, ao passo que a temperatura da água de condensação pode ser um fator variável para uma instalação pronta.

A limpeza dos tubos de um condensador provoca uma condensação mais rápida; se a quantidade de vapor for constante, então a limpeza dos tubos deverá influir na temperatura de condensação. Vejamos na tabela de vapor saturado a coluna que representa o calor de vaporização de 1 kg de água. Tomemos como exemplo a pressão do condensador de 0,5 kgf/cm^2. Nessa pressão, a quantidade de calor de condensação é 550,6 kcal/kg e a temperatura de condensação é 80,9°C. Se a quantidade de calor for elevada para 570,5 kcal/kg, a mesma tabela fornece a pressão de 0,1 kgf/cm^2 e a temperatura de 45,4°C. Estes números nos mostram que, quando a quantidade de calor trocado por unidade de massa se eleva de 550,6 kcal para 570,5 kcal, a temperatura do condensador se reduz de 80,9°C para 45,4°C. Já vimos que a redução da temperatura de condensação implica o aumento do rendimento do ciclo de Rankine.

8.4 Exercícios Resolvidos

8.4.1 Calcular o rendimento de um ciclo de Rankine conhecendo-se a pressão da caldeira, $p_1 = 50$ kgf/cm^2, e a do condensador, $p_2 = 0,5$ kgf/cm^2. Sabe-se que o vapor entra saturado na turbina e que a água que sai do condensador está saturada.

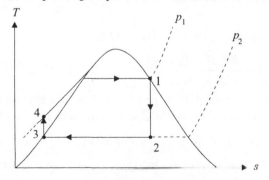

Figura 8.10

144 Termodinâmica

Solução:

$$\eta = 1 - \frac{Q_{cd}}{Q_c} \qquad\qquad Q_{cd} = m(h_2 - h_3)$$

$$\eta = 1 - \frac{h_2 - h_3}{h_1 - h_4} \qquad\qquad Q_c = m(h_1 - h_4)$$

Cálculo das entalpias

Ponto 1 – Sai direto da tabela, porque se sabe que $p_1 = 50 \text{ kgf}/\text{cm}^2$ e $x_1 = 1,0$

$$h_1 = 272,7 + 390,7 = 663,4 \text{ kcal}/\text{kg}$$

$$s_1 = 0,692 + 0,729 = 1,421 \text{ kcal}/\text{kg.K}$$

Ponto 2 – Tira-se da tabela, porque se sabe que $s_2 = s_1$ (turbina ideal) e $p_2 = 0,5$ kgf/cm^2

$$s_2 = 1,421 \text{ kcal}/\text{kg.K},$$

mas $\qquad s_2 = s_2 + x_2 \Delta h(p_2 = 0,5 \text{ kgf}/\text{cm}^2)$

$$x_2 = \frac{s_2 - s_1}{\Delta s} = \frac{1,421 - 0,259}{1,556} = 0,747$$

$$h_2 = h_L + x_2 \Delta h(p_2 = 0,5 \text{ kgf}/\text{cm}^2)$$

$$h_2 = 80,9 + 0,747 \times 550,6$$

$$h_2 = 80,9 + 412 = 492,9 \text{ kcal}/\text{kg}$$

Ponto 3 – Tira-se da tabela porque se sabe que $p_3 = 0,5 \text{ kgf}/\text{cm}^2$ e se conhece o título $x_3 = 0$

$$h_3 = 80,9 \text{ kcal}/\text{kg}$$

Ponto 4 – A entalpia do ponto 4 é a soma da entalpia do ponto 3 com a variação de entalpia provocada pela bomba

$$h_4 = h_3 + \frac{v(p_4 - p_3)}{427} = 80,9 + \frac{0,001(50 - 0,5).10^4}{427}$$

$$h_4 = 80,9 + 1,16 = 82,10 \text{ kcal}/\text{kg}$$

Resulta: $\quad \eta = 1 - \dfrac{492,9 - 80,9}{663,4 - 82,1} = 29\%$

8.4.2 Calcular o rendimento do ciclo do problema anterior adotando agora o vapor superaquecido na entrada da turbina a $500°C$, com as demais condições mantidas, isto é:

$$p_2 = 0,5 \text{ kgf}/\text{cm}^2 \qquad\qquad p_1 = 50 \text{ kgf}/\text{cm}^2 \qquad\qquad x_3 = 0,0$$

Comparar este rendimento com o do problema anterior e justificar a sua variação.

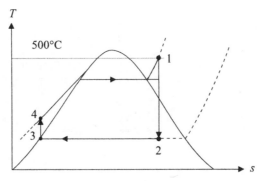

Figura 8.11

Solução:

$$\eta = 1 - \frac{h_2 - h_3}{h_1 - h_4}$$

Ponto 1 – Dados $p_1 = 50$ kgf/cm^2 e $t_1 = 500°$C, obtêm-se da tabela de vapor superaquecido:

$h_1 = 819,5$ kcal/kg

$s_1 = 1,667$ kcal/kg.K

Ponto 2 – Sabe-se que $s_2 = s_1$ e $p_2 = 0,5$ kgf/cm^2. Do diagrama de Mollier obtém-se:

$h_2 = 580$ kcal/kg

Ponto 3 – É o mesmo do problema anterior:

$h_3 = 80,9$ kcal/kg

Ponto 4 – É o mesmo do problema anterior:

$h_4 = 82,1$ kcal/kg

Resulta: $\eta = 1 - \dfrac{580,9 - 80,9}{818,5 - 82,1}$

$\eta = 32,2\%$

Verifica-se um aumento no rendimento de 29% para 31,4% provocado pelo uso de vapor superaquecido em lugar de vapor saturado, de acordo com o que se afirmou no item.

8.4.3 Calcular o rendimento do ciclo do problema anterior, adotando uma pressão na caldeira de 100 kgf/cm^2 e com as demais condições mantidas, isto é:

146 Termodinâmica

$t_1 = 500°C$

$p_2 = 0,5 \text{ kgf/cm}^2$

$x_3 = 0$

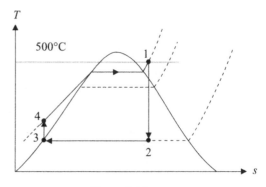

Figura 8.12

Solução:

Ponto 1 – Sabe-se que $p_1 = 100 \text{ kgf/cm}^2$ e $t_1 = 500°C$, portanto:

$h_1 = 806,2 \text{ kcal/kg}$

$s_1 = 1,558 \text{ kcal/kg.K}$

Ponto 2 – Sabe-se que $s_2 = s_1$ e $p_2 = 0,5 \text{ kgf/cm}^2$, portanto

$h_2 = 548,9 \text{ kcal/kg}$

Ponto 3 – $h_3 = 80,9$

Ponto 4 – $h_4 = h_3 + \dfrac{v \cdot (p_4 - p_3)}{427} = 80,9 + \dfrac{0,001(100 - 0,5) \cdot 10^4}{427}$

$80,9 + 2,3 = h_4 = 83,2 \text{ kcal/kg}$

Resulta: $\eta = 1 - (h_2 - h_3)/(h_1 - h_4)$

$\eta = 1 - \dfrac{548,9 - 80,9}{806,2 - 83,2}$

$\eta = 35,2\%$

Em relação ao problema anterior, verifica-se um acréscimo de 32,2% para 35,2% devido ao emprego de pressão mais elevada na caldeira, conforme foi dito no item.

8.4.4 Imaginemos um ciclo de Rankine com reaquecimento do vapor que passa pela turbina do problema anterior na pressão de 75 kgf/cm². Calcular o rendimento deste novo ciclo supondo que a temperatura de reaquecimento seja também de 500°C e que as demais condições sejam mantidas, isto é:

$p_1 = 100 \text{ kgf/cm}^2$

Pressão do condensador:

$p_4 = 0,5 \text{ kgf/cm}^2$

Líquido que sai do condensador:

$x_5 = 0$

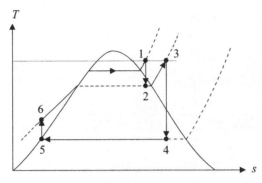

Figura 8.13

Ver esquema desta instalação na Figura 8.5.

Solução:

$$1 - \frac{Q_{CD}}{Q_C}$$

$$Q_{CD} = m(h_4 - h_5)$$

$$Q_C = m(h_1 - h_6) + M(h_3 - h_2)$$

$$\eta = 1 - \frac{(h_4 - h_5)}{(h_1 - h_6) + (h_3 - h_2)}$$

Ponto 1 – $p_1 = 100$ kgf/cm^2

Portanto: $h_1 = 806{,}2$ kcal/kg

$s_1 = 1{,}558$ kcal/kg.K

Ponto 2 – $s_2 = s_1 = 1{,}558$ kcal/kg.K

$p_2 = 75$ kgf/cm^2

Resulta: $h_2 = 770$ kcal/kg

Ponto 3 – $p_3 = 75$ kgf/cm^2

$t_3 = 500°$C

Resulta: $h_3 = 812{,}9$ kcal/kg

$s_3 = 1{,}616$ kcal/kg.K

Ponto 4 – $p_4 = 0{,}5$ kgf/cm^2

$s_4 = s_3 = 1{,}616$

Resulta: $h_4 = 560{,}9$ kcal/kg

Ponto 5 $p_5 = 0{,}5$ kgf/cm^2

$x_5 = 0$

Resulta: $h_5 = 80,9 \text{ kcal/kg}$

Ponto 6 – $h_6 = h_5 + \dfrac{v \cdot (p_6 - p_5)}{427}$

$h_6 = 83,2 \text{ kcal/kg}$

$\eta = 1 - \dfrac{(560,9 - 80,9)}{(806,2 - 83,2) + (812,9 - 770)}$

$\eta = 1 - \dfrac{480}{765,9}$

$\eta = 37,3\%$

Registra-se uma elevação no rendimento de 35,2% para 37,3%, devido ao reaquecimento do vapor, conforme foi explicado no item 8.3.3.

8.4.5 Suponhamos que o ciclo do problema anterior tenha um preaquecedor de água, utilizando para isso 10% do vapor que passa pela turbina. Sabe-se que o vapor é extraído da turbina quando passa por um estágio de pressão igual a 5 kgf/cm² e que as demais condições são mantidas, isto é:

$p_1 = 100 \text{ kgf/cm}^2$ $t_1 = 500°C$

$p_2 = 75 \text{ kgf/cm}^2$ $p_3 = 75 \text{ kgf/cm}^2$ $t_3 = 500°C$ $x_5 = 0,0$

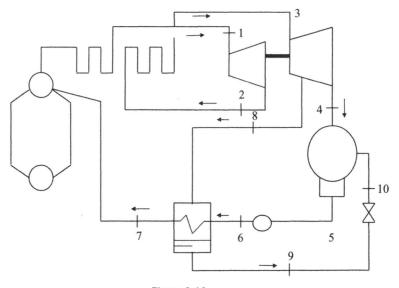

Figura 8.14

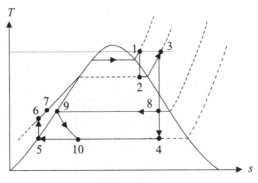
Figura 8.15

Solução:

Ponto 1 – $p_1 = 100 \text{ kgf/cm}^2$

$t_1 = 500°C$

Resulta: $h_1 = 806,2 \text{ kcal/kg}$

$s_1 = 1,558 \text{ kcal/kg.K}$

Ponto 2 – $s_2 = s_1 = 1,558 \text{ kcal/kg.K}$

$p_2 = 75 \text{ kgf/cm}^2$

Resulta: $h_2 = 770 \text{ kcal/kg}$

Ponto 3 – $p_3 = 75 \text{ kgf/cm}^2$

$t_3 = 500°C$

Resulta: $h_3 = 812,9 \text{ kcal/kg}$

$s_3 = 1,616 \text{ kcal/kg.K}$

Ponto 4 – $s_4 = s_3 = 1,616 \text{ kcal/kg.K}$

$p_4 = 0,5 \text{ kgf/cm}^2$

Resulta: $h_4 = 560,9 \text{ kcal/kg}$

Ponto 5 – $p_5 = 0,5 \text{ kgf/cm}^2$

$x_5 = 0,0$

Resulta: $h_5 = 80,9 \text{ kcal/kg}$

Ponto 6 – $h_6 = h_5 + \dfrac{v(p_6 - p_5)}{427}$

$h_6 = 82,3 \text{ kcal/kg}$

Ponto 7

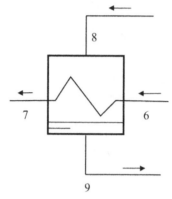

Figura 8.16

Aplicando-se o primeiro princípio ao preaquecedor, pode-se escrever:

$$m\,h_6 + 0{,}1m\,h_8 = M\,h_7 + 0{,}1m\,h_9$$
$$h_7 = h_6 + 0{,}1(h_8 - h_9)$$

Ponto 8 – $s_8 = s_3 = 1{,}616$ kcal/kg.K

$p_8 = 5$ kgf/cm^2

$h_8 = 650$ kcal/kg

Ponto 9 – $x_9 = 0{,}0$

$p_9 = 5$ kgf/cm^2

Resulta: $h_9 = 152{,}2$ kcal/kg

Resulta para o ponto 7:

$$h_7 = 82{,}3 + 0{,}1(650 - 152{,}2)$$
$$h_7 = 132{,}1 \text{ kcal/kg}$$

Ponto 10 – Quando um fluido passa por uma válvula, sua entalpia praticamente não se altera.

$$h_{10} = h_9 = 152{,}2$$

$$\eta = 1 - \frac{Q_{CD}}{Q_C}$$

Condensador

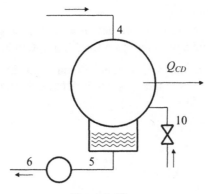

Figura 8.17

Aplicando-se o primeiro princípio ao condensador, resulta a equação:

$$0{,}9m\, h_4 + 0{,}1m\, h_{10} = m\, h_5 + Q_{CD}$$
$$Q_{CD} = (0{,}9h_4 + 0{,}1h_{10} - h_5)m$$

Caldeira

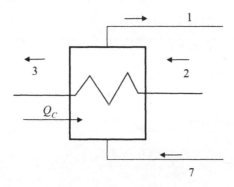

Aplicando-se o primeiro princípio a uma caldeira, resulta:

$$Q_C + 0{,}9m\, h_2 + m\, h_7 = m\, h_1 + 0{,}9m\, h_3$$
$$Q_C = m(h_1 - h_7) + 0{,}9m(h_3 - h_2)$$

Resulta para o rendimento:

$$\eta = 1 - \frac{Q_{CD}}{Q_C} = 1 - \frac{(0{,}9h_4 + 0{,}1h_{10} - h_5)}{(h_1 - h_7) + 0{,}9(h_3 - h_2)}$$

$$\eta = 1 - \frac{(0{,}9 \cdot 560{,}9 + 0{,}1 \cdot 152{,}1 - 80{,}9)}{(806{,}2 - 132{,}1) + 0{,}9(812{,}9 - 770)}$$

152   Termodinâmica

$$\eta = 1 - 0,617$$
$$\eta = 38,2\%$$

Houve um aumento no rendimento devido à colocação de um preaquecedor de água de alimentação da caldeira, conforme foi dito no item 8.3.4.

8.4.6 Resolver o problema anterior adotando uma redução na pressão do condensador para $0,1$ kgf/cm^2 e comparar os rendimentos. Manter as demais condições do problema anterior, isto é:

$$p_0 = 100 \ kgf/cm^2 \qquad\qquad t_9 = 500^{\circ}C$$
$$p_2 = \ 75 \ kgf/cm^2 \qquad\qquad t_3 = 500^{\circ}C$$
$$p_8 = \ 5 \ kgf/cm^2$$
$$x_5 = 0 \qquad\qquad\qquad\qquad x_9 = 0$$

Solução:

A Figura 8.14 serve também para este exercício.

Ponto 1 – Permanece inalterado $\therefore$ $h_1 = 806,2 \ kcal/kg$

Ponto 2 – Permanece inalterado $\therefore$ $h_2 = 770 \ kcal/kg$

Ponto 3 – Permanece inalterado $\therefore$ $h_3 = 812,9 \ kcal/kg$

Ponto 4 – Depende da pressão $p_4 = 0,1 \ kgf/cm^2$ e da entropia:

$$s_4 = s_3 = 1,616 \ kcal/kg$$
$$h_4 = 515 \ kcal/kg$$

Ponto 5 – Depende da pressão $p_5 = 0,1 \ kgf/cm^2$ e do título:

$$x_5 = 0,0$$
$$h_5 = 45,5 \ kcal/kg$$

Ponto 6 – $h_6 = h_5 + \dfrac{v \cdot (p_6 - p_5)}{427}$

$$h_6 = 45,4 + \frac{0,001(100 - 0,1).10^4}{427}$$

$$h_6 = 47,7 \ kcal/kg$$

Ponto 7 – $0,1 \ m \ h_8 + m \ h_6 = 0,1 \ m \ h_9 + m \ h_7$

$$h_7 = h_6 + 0,1(h_8 - h_9)$$
$$h_8 = 650 \ kcal/kg \ (\text{problema anterior})$$
$$h_9 = 152,2 \ kcal/kg \ (\text{problema anterior})$$
$$h_7 = 47,7 + 0,1(650 - 152,2)$$
$$h_7 = 97,5 \ kcal/kg$$

Ponto 10 – $h_{10} = h_9 = 152,2$ kcal / kg

No problema anterior vimos que:

$$\eta = 1 - \frac{\left(0,9h_4 + 0,1h_{10} - h_5\right)}{\left(h_1 - h_7\right) + 0,9\left(h_3 - h_2\right)}$$

$$\eta = 1 - \frac{0,9 \cdot 515 + 0,1 \cdot 152,2 - 45,4}{\left(806,2 - 97,5\right) + 0,9\left(812,9 - 770\right)}$$

$$\eta = 1 - \frac{433,8}{747,3} = 1 - 0,582$$

$$\eta = 41,8\%$$

A tabela a seguir mostra a influência das propriedades que mais afetam o rendimento do ciclo de Rankine.

Exercício n^0	p_1	t_1	Pressão do condens.	Reaque-cimento	Preaque-cimento	Rendimento
8.4.1	50	262,7	0,5	Não	Não	29%
8.4.2	50	500	0,5	Não	Não	32,2%
8.4.3	100	500	0,5	Não	Não	35,2%
8.4.4	100	500	0,5	Sim	Não	37,3%
8.4.5	100	500	0,5	Sim	Sim	38,2%
8.4.6	100	500	0,1	Sim	Sim	41,8%

Tabela 8.1

8.4.7 Conhecendo-se o rendimento de um ciclo de Rankine simples, $\eta = 35\%$, e o calor trocado na caldeira por unidade de massa de vapor formado, igual a 580 kcal / kg, calcular o trabalho realizado pela turbina por unidade de peso do vapor. As pressões do ciclo são 50 kgf / cm^2 e 0,8 kgf / cm^2.

Solução:

$$\eta = 1 - \frac{Q_{CD}}{Q_C}$$

$$0,35 = 1 - \frac{Q_{CD}}{580}$$

$$0,35 \cdot 580 = 580 - Q_{CD}$$

154 Termodinâmica

$$Q_{CD} = 3,77 \text{ kcal} / \text{kg}$$

$$W_B = \frac{v \cdot (50 - 0,8) \cdot 10^4}{427} = \frac{0,001 \cdot 49,2 \cdot 10^4}{427}$$

$$W_B = 1,2 \text{ kcal} / \text{kg}$$

Pelo primeiro princípio podemos afirmar que:

$$W_T + Q_{CD} = Q_c + W_B$$

$$Q_c - Q_{CD} = W_T - W_B$$

$$W_T = Q_C - Q_{CD} + W_B$$

$$W_T = 580 - 377 + 1,2$$

$$W_T = 204,2 \text{ kcal} / \text{kg}$$

8.4.8 O sistema da Figura 8.16 representa um ciclo de Rankine. O vapor sai da caldeira no estado saturado (ponto 6) e passa pelo superaquecedor, que utiliza os gases provenientes da fornalha. O sistema contém um trocador de calor, aquecendo a água que caminha para a caldeira. Conhecida a potência da turbina, $\dot{W}_R = 10\,000$ CV, e o seu rendimento, $\eta = 90\%$, calcular:

a) vazão de vapor que percorre o ciclo;
b) fluxo de calor necessário para a formação de vapor saturado;
c) fluxo de calor trocado no superaquecedor;
d) fluxo de calor trocado no preaquecedor de água;
e) consumo de combustível, admitindo-se uma perda de calor da ordem de 15%;
f) vazão de água que passa pelo condensador.

Dados:

$p_1 = 40 \text{ kgf} / \text{cm}^2$ $\qquad\qquad$ $p_4 = p_5 = p_6 = p_1$

$t_1 = 480^\circ\text{C}$

$p_2 = 0,1 \text{ kgf} / \text{cm}^2$ $\qquad\qquad$ $x_3 = 0$

$h_4 = 46,4 \text{ kcal} / \text{kg}$

$pc_i = 10\,500 \text{ kcal} / \text{kg}$ (poder calorífico inferior do combustível)

$t_{a1} = 20^\circ\text{C}$ (temperatura da água na entrada do condensador)

$t_{a2} = 35^\circ\text{C}$

$t_5 = 120^\circ\text{C}$

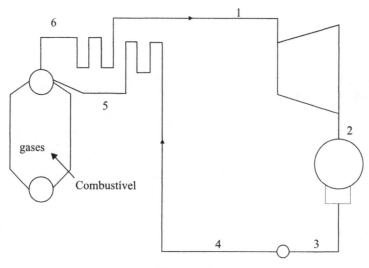

Figura 8.18

Cálculo das entalpias

Ponto 1 – $t_1 = 480°C$

$p_1 = 40 \text{ kgf}/\text{cm}^2$

Com esses valores obtêm-se do diagrama de Mollier:

$$h_2 = 812 \text{ kcal}/\text{kg}$$

$$s_1 = 1,68 \text{ kcal}/\text{kg.K}$$

Ponto 2

Rendimento da turbina: $\quad \eta = \dfrac{\dot{W}_R}{\dot{W}_T}$

$\dot{W}_T = \dot{m}\,(h_1 - h_{2R})$ (potência real da turbina)

$\dot{W}_T = \dot{m}\,(h_1 - h_{2T})$ (potência teórica da turbina)

$$\eta = \frac{\dot{m}\left(h_1 - h_{2R}\right)}{\dot{m}\left(h_1 - h_{2T}\right)}$$

$$h_{2R} = h_1 - \eta(h_1 - h_{2T})$$

O ponto 2T tem a mesma entropia do ponto 1 e pressão de 0,1 kgf/cm². Do diagrama de Mollier obtém-se:

$$h_{2T} = 532 \text{ kcal}/\text{kg} \quad \therefore \quad h_{2R} = 560 \text{ kcal}/\text{kg}$$

156 Termodinâmica

Ponto 3

$$p_3 = 0,1 \text{ kgf/cm}^2$$

$$x_3 = 0$$

Da tabela de vapor obtém-se:

$$h_3 = 45,4 \text{ kcal/kg}$$

Ponto 4

$$h_4 = 46,4 \text{ kcal/kg}$$

Ponto 5

Conhecendo-se a temperatura $t_5 = 120°C$ adota-se a entalpia da água $h_5 = 120$ kcal/kg

Ponto 6

Vapor saturado à pressão de 40 kgf/cm^2

$$h_6 = 669 \text{ kcal/kg}$$

a) *Vazão de vapor*

$$\dot{W}_R = \dot{m}(h_1 - h_{2R})$$

$$\dot{m} = \frac{W_R}{h_1 - h_{2R}} \qquad\qquad \dot{W}_R = 10\,000 \cdot 632 \cdot 10^6 \text{ kcal/h}$$

$$\dot{m} = \frac{6,32 \cdot 10^6}{812 - 560} = 22\,600 \qquad \dot{m} = 25\,100 \text{ kg/h}$$

b) *Fluxo de calor para formar o vapor saturado*

$$\dot{Q}_s = \dot{m}(h_6 - h_5)$$

$$\dot{Q}_s = 25\,100\,(669 - 120)$$

$$\dot{Q}_s = 13\,730\,000 \text{ kcal/h}$$

c) *Fluxo de calor para formar o vapor superaquecido*

$$\dot{Q}_{su} = \dot{m}(h_1 - h_6)$$

$$\dot{Q}_{su} = (812 - 669)$$

$$\boldsymbol{\dot{Q}_{su} = 3\,590\,000 \text{ kcal/h}}$$

d) *Fluxo de calor para preaquecer a água*

$$\dot{Q}_p = \dot{m}\,(h_5 - h_4)$$

$$\dot{Q}_p = 25\,100\,(120 - 46{,}4)$$

$$\dot{Q}_p = 1\,850\,000\ \text{kcal}/\text{h}$$

e) *Consumo de combustível*

O calor gerado pela queima total do combustível é calculado por meio do produto da vazão pelo poder calorífico.

$$\dot{Q}_C = \dot{m}_C \cdot pci = 10\,500 \cdot \dot{m}_C$$

Desse total, perdem-se 15% pelos gases que saem pela chaminé e pelas paredes da caldeira. Resta o calor útil, que é a soma dos itens 2, 3 e 4 deste problema.

$$\dot{Q}_C = \dot{Q}_s + \dot{Q}_{su} + \dot{Q}_p + 0{,}15\,\dot{Q}_C$$

$$\dot{Q}_C\,(1 - 0{,}15) = \dot{Q}_s + \dot{Q}_{su} + \dot{Q}_p$$

$$\dot{m}_C \cdot pci \cdot 0{,}85 = \dot{Q}_C + \dot{Q}_{su} + \dot{Q}_p$$

O número 0,85 representa o rendimento global da caldeira.

$$\dot{m}_C = \frac{(13{,}73 + 3{,}59 + 1{,}85)\cdot 10^6}{10\,500 \cdot 0{,}85}$$

$$\dot{m}_C = 2\,145\ \text{kg}/\text{h}$$

f) *Vazão de água do condensador*

O calor de condensação transfere-se para a água:

$$\dot{m}\,(h_{2R} - h_3) = \dot{m}_a\,c(t_{a2} - t_{a1})$$

$$\dot{m}_a = \frac{\dot{m}\left(h_{2R} - h_3\right)}{c\left(t_{a2} - t_{a1}\right)}$$

$$\dot{m}_a = \frac{25\,100 \cdot (560 - 45{,}4)}{1 \cdot (35 - 20)}$$

$$\dot{m}_a = 860\,000\ \text{kg}/\text{h}$$

8.4.9 O ciclo de Rankine da figura contém uma válvula, por meio da qual pode-se controlar o fluxo de vapor que vai para o preaquecedor de água. Com os seguintes dados, pede-se para:
a) Calcular o rendimento do ciclo funcionando com o preaquecedor desligado, isto é, com a válvula A totalmente fechada.
b) Calcular o fluxo de vapor que deve passar pela válvula para permitir uma elevação no rendimento de 3%.

Dados:

$p_1 = 50 \text{ kgf}/\text{cm}^2$
$t_1 = 500°C$
$p_7 = p_6 = 5 \text{ kgf}/\text{cm}^2$
$p_2 = 0,5$
$x_3 = 0$
$x_8 = 0$
$\dot{m}_v = 10.000 \text{ kg/h}$

Adotar a bomba e a turbina como adiabáticas e reversíveis.

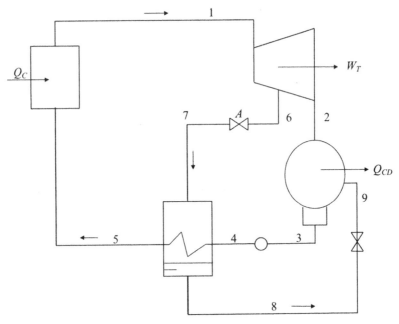

Figura 8.19

Solução:

Diagrama T.s

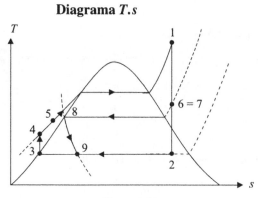

Figura 8.20

a) *Válvula A fechada*
Neste caso, o ciclo fica reduzido aos pontos 1, 2, 3 e 4.

$$\text{Rendimento } \eta = 1 - \frac{\dot{Q}_{CD}}{\dot{Q}_C}$$

$$\dot{Q}_{CD} = \dot{m}_v (h_2 - h_3)$$

$$\dot{Q}_C = \dot{m}_v (h_1 - h_4)$$

Do diagrama de Mollier e das tabelas de vapor obtêm-se:

$h_1 = 822$ kcal/kg

$h_2 = 580$ kcal/kg

$h_3 = 80,9$ kcal/kg

$$h_4 = h_3 + \frac{v(p_4 - p_3)}{427} \qquad v = 10^{-3} \text{ m}^3/\text{kg}$$

$$h_4 = 80,9 + \frac{10^{-3} \cdot (50 - 0,5) \cdot 10^4}{427}$$

$h_4 = 82$ kcal/kg

Resulta:

$$\dot{Q}_C = 10\,000 \cdot (822 - 82) = 7,4 \times 10^6 \text{ kcal/h}$$

$$\dot{Q}_{CD} = 10\,000(580 - 80,9) = 4,991 \times 10^6 \text{ kcal/h}$$

160 Termodinâmica

$$\eta = 1 - \frac{4,991}{7,4} = 0,325$$

$$\eta = \mathbf{32,5\%}$$

b) *Cálculo da vazão M_6 que produz uma elevação de mais 3% no rendimento*

$$\eta = 32,5 + 35,5\%$$

$$\eta = 1 - \frac{Q_{CD}}{Q_C}$$

Primeiro princípio aplicado ao condensador

$$\dot{m}_2\, h_2 + \dot{m}_8\, h_8 = \dot{m}_3\, h_3 + \dot{Q}_{CD}$$

$$\dot{m}_2 = \dot{m}_1 - \dot{m}_6$$

$$\dot{m}_8 = \dot{m}_6$$

$$\dot{m}_3 = \dot{m}_1$$

$$(\dot{m}_1 - \dot{m}_6)h_2 + \dot{m}_6\, h_8 = \dot{m}_1\, h_3 + \dot{Q}_{CD}$$

$$\dot{Q}_{CD} = \dot{m}_1\, h_2 - \dot{m}_1\, h_3 + \dot{m}_6\, h_8 - \dot{m}_6\, h_2$$

$$\dot{Q}_{CD} = \dot{m}_1\,(h_2 - h_3) - \dot{m}_6\,(h_2 - h_8)$$

Primeiro princípio aplicado à caldeira

$$\dot{m}_5\, h_5 + \dot{Q}_C = \dot{m}_1\, h_1 \qquad \dot{m}_5 = \dot{m}_1$$

$$\dot{Q}_C = \dot{m}_1\,(h_1 - h_5)$$

Cálculo de h_5

No preaquecedor, aplicando-se o primeiro princípio, resulta:

$$\dot{m}_6\, h_6 + \dot{m}_4\, h_4 = \dot{m}_7\, h_7 + \dot{m}_5\, h_5$$

$$\dot{m}_6 = \dot{m}_7$$

$$\dot{m}_4 = \dot{m}_5 = \dot{m}_1$$

$$\dot{m}_6\,(h_6 - h_7) = \dot{m}_1\,(h_5 - h_4)$$

$$h_5 = \dot{m}_6\,(h_6 - h_7)$$

$$h_5 = \frac{\dot{m}_6\,(h_6 - h_7)}{\dot{m}_1} + 4$$

Resulta:

$$\dot{Q}_C = \dot{m}_1 h_1 - h_4 - \frac{\dot{m}_6 (h_6 - h_7)}{\dot{m}_1}$$

$$\dot{Q}_C = \dot{m}_1 h_1 - \dot{m}_1 h_4 - \dot{m}_6 (h_6 - h_7)$$

$$\dot{Q}_C = \dot{m}_1 (h_1 - h_4) - \dot{m}_6 (h_6 - h_7)$$

Numericamente, resulta:

$$h_1 = 822 \ \text{kcal}/\text{kg}$$

$$h_6 = 673 \ \text{kcal}/\text{kg}$$

$$h_2 = 580 \ \text{kcal}/\text{kg}$$

$$h_3 = 80,9 \ \text{kcal}/\text{kg}$$

$$h_4 = 82 \ \text{kcal}/\text{kg}$$

$$h_7 = 152,2 \ \text{kcal}/\text{kg}$$

$$h_8 = 152,2 \ \text{kcal}/\text{kg}$$

$$\dot{Q}_C = 10^4 (822 - 82) - \dot{m}_6 (673 - 152,2)$$

$$\dot{Q}_C = 7,4 \cdot 10^6 - 520,8 \, \dot{m}_6$$

$$\dot{Q}_{CD} = 10^4 \cdot (580 - 70,9) - \dot{m}_6 (580 - 152,2)$$

$$\dot{Q}_{CD} = 4,991 \cdot 10^6 - 427,8 \, \dot{m}_6$$

Rendimento: $\eta = 0,355$

$$0,355 = 1 - \frac{4,991 \cdot 10^6 - 427,8 \, \dot{m}_6}{7,4 \cdot 10^6 - 520,8 \, \dot{m}_6}$$

Resulta:

$$\dot{m}_6 = 2\,290 \ \text{kg}/\text{h}$$

8.5. Exercícios Propostos

8.5.1 O ciclo de Rankine da Figura 8.19 possui um trocador de calor da saída da caldeira com a finalidade de controlar a temperatura do vapor que sai para a turbina. Nesse trocador, o vapor que sai da caldeira mistura-se com uma derivação da água de alimentação da caldeira. Pede-se para calcular:

a) a vazão de vapor que passa pela turbina, sabendo-se que:

$\dot{W}_6 = 5\,000$ CV (potência da turbina)

$h_1 - h_2 = 144$ kcal/kg

b) o calor trocado na caldeira, desprezando-se o trabalho da bomba e sabendo-se que o rendimento do ciclo é de 35%;
c) h_1 sendo $h_4 = 150$ kcal/kg;
d) a vazão de água desviada para o controlador de temperatura, sendo $h_5 = 600$ kcal/kg.

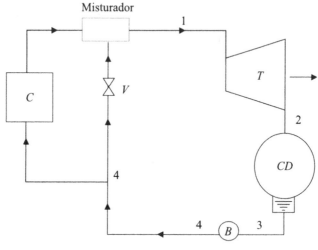

Figura 8.21

Resposta: a) 21 900 kg/h
b) 9 050 000 kcal/h
c) 562 kcal/kg
d) 2 080 kg/h

8.5.2 No ciclo da Figura 8.14 sabe-se que o calor trocado na caldeira vale $\dot{Q}_6 = 7\,127\,000$ kcal/h e que a vazão total de vapor que vai para a turbina é $\dot{m}_v = 10\,000$ kg/h. Adotando-se ainda uma extração de 10% de vapor da turbina para o preaquecimento da água, as entalpias já calculadas e o rendimento do ciclo de 38,3%, determinar:
a) a potência da turbina em CV, utilizando o princípio da conservação da energia aplicada ao ciclo;
b) a potência da turbina em CV, utilizando do princípio da conservação da energia aplicada ao sistema constituído pela turbina isolada.

Resposta: 4 320 CV

8.5.3 O ciclo de Rankine da Figura 8.20 contém dois preaquecedores que podem ser colocados em funcionamento por meio das válvulas A e B. Estudar a variação de rendimento da máquina nas seguintes situações:
a) as válvulas A e B estão fechadas e os dois preaquecedores, fora de funcionamento;

b) a válvula A está aberta e a B, fechada;
c) as duas válvulas estão abertas e os dois preaquecedores estão em funcionamento.

Dados:

$p_1 = 50 \text{ kgf/cm}^2$ \qquad $t_1 = 590°C$

$p_8 = p_9 = 10 \text{ kgf/cm}^2$ \qquad $s_1 = s_8 = s_{10} = s_2$

$p_{10} = p_{11} = 5 \text{ kgf/cm}^2$ \qquad $\dot{m}_8 = 0,1\, \dot{m}_1$

$P_2 = 0,8 \text{ kgf/cm}^2$ \qquad $\dot{m}_{10} = 0,1\, \dot{m}$

$x_3 = 0$ \qquad $h_8 = h_9$

$x_{12} = 0$ \qquad $h_{12} = h_{11}$

$h_{12} = h_{13}$

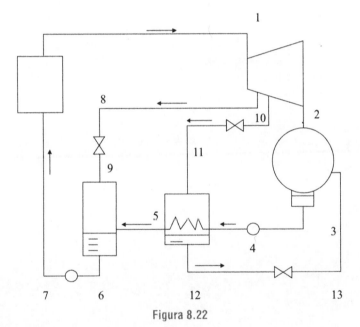

Figura 8.22

Resposta:
$\eta_1 = 32,4\%$
$\eta_2 = 33,5\%$
$\eta_3 = 35,7\%$

CAPÍTULO 9

Gás Perfeito

9.1 Equação de Estado

Os gases se comportam de diferentes maneiras, dependendo do estado em que se encontram. A Figura 9.1 representa um gás que passa por um processo de descompressão dentro de um cilindro, quando o pistão se movimenta. Por meio de uma experiência pode-se medir em cada instante a pressão p, a temperatura absoluta T e o volume específico molar v^*. Suponhamos que uma fonte externa forneça uma quantidade de calor controlado, de tal maneira que a temperatura do gás permaneça inalterada. Se, em cada instante, efetuarmos o produto pv^* e dividirmos pela temperatura T, poderemos afirmar que existe uma correspondência entre pv^*/T e a pressão que pode ser representada graficamente, conforme apresentado na Figura 9.2.

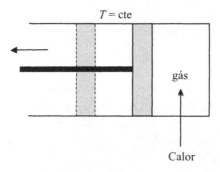

Figura 9.1

A curva A representa a primeira experiência, efetuada a uma temperatura T_1. Verificamos que o quociente pv^*/T decresce, passa por um mínimo e cresce novamente, assumindo um valor constante para pressões relativamente baixas. Se repetirmos a experiência a uma temperatura mais alta T_2, poderemos obter uma curva B, onde as variações de pv^*/T são menos sensíveis em relação à pressão. Pela Figura 9.2 podemos observar que a curvatura da função $pv^*/T = f(p)$ fica cada vez menos acentuada à medida que se eleva a temperatura do gás. Observa-se também que para qualquer temperatura, quando se reduz a pressão, o quociente pv^*/T assume o mesmo valor. Por outro lado, observamos também que, mesmo em altas pressões, o valor de pv^*/T permanece constante, desde que a temperatura do gás scja alta.

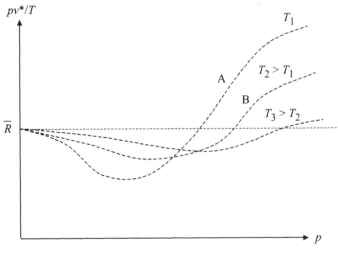

Figura 9.2

Nas condições citadas, definimos um gás perfeito, isto é, aquele que se comporta segundo a equação pv^*/T = constante ou

$$\frac{pv^*}{T} \overline{R}$$

$$pv^* = \overline{R}T \tag{9.1}$$

R = constante universal do gás perfeito

Na equação 9.1 a pressão e a temperatura devem ser representadas na escala absoluta. Essa equação pode ser representada em função do número de moles contidos em um recipiente de volume conhecido. Sendo V o volume ocupado por um gás perfeito e n o número de moles, o volume ocupado por um mol pode ser representado por

$$v^* = \frac{V}{n}$$

Da equação 9.1 resulta:

$$p\frac{V}{n} = \overline{R}T$$

$$\boxed{pV = n\overline{R}T} \tag{9.2}$$

O número de moles é representado em função da massa m do gás e de sua massa molecular M.

$$n = \frac{m}{M}$$

Resulta:

$$pV = \frac{m}{M}\bar{R}T$$

Representamos $\bar{R}/M$ por R, que é a constante característica de cada gás perfeito.

$$\boxed{pV = mRT} \tag{9.3}$$

$$\frac{p_1V_1}{T_1} = mR$$

$$\frac{p_2V_2}{T_2} = mR$$

Resulta:

$$\boxed{\frac{p_1V_1}{T_1} = \frac{p_2V_2}{T_2}} \tag{9.4}$$

Vejamos algumas aplicações das equações de gás perfeito.

Exemplo 9.1

Certa quantidade de ar ocupa um volume de 5 m^3 quando sujeita à pressão de 1 kgf/cm^2 e temperatura de $20°C$. Nessas condições, calcular a sua massa específica.

$$\bar{R} = 2 \text{ kcal/mol.K}$$

$$M = 29,8 \text{ kg/mol}$$

$$p = \frac{m}{V} \qquad\qquad pV = m\,RT$$

$$p = 10^4 \text{ kgf/m}^2$$

$$V = 5 \text{ m}^3$$

$$T = 20 + 273 = 293 \text{ K}$$

$$R = \frac{\bar{R}}{M} = \frac{2 \times 427}{29,8} = 28,6 \text{ kgm/kg.K}$$

$$pV = mRT \quad \therefore \quad m = \frac{pV}{RT}$$

$$m = \frac{10^4 \times 5}{28,6 \times 293} = 5,92 \text{ kg}$$

$$\rho = \frac{m}{V} = \frac{5,92}{5} - 1,19 \text{ kg/m}^3$$

168 Termodinâmica

Exemplo 9.2

Calcular o trabalho realizado por um gás perfeito encerrado em um cilindro, em um processo de aquecimento sob pressão constante. O estado inicial é definido pela pressão $p_A = 15 \text{ kgf}/\text{cm}^2$ e temperatura $t_A = 50°C$. Após o aquecimento, resulta a temperatura $t_B = 150°C$ e mesma pressão. A massa de gás é 1,5 kg.

$$R = 28,6 \text{ kcal}/\text{kg.K}$$

Solução:

$$\frac{p_A V_A}{T_A} = \frac{p_B V_B}{T_B} \quad \therefore \quad \frac{V_A}{T_A} = \frac{V_B}{T_B}$$

Cálculo de V_A:

$$p_A V_A = mRT_A \quad \therefore \quad V_A = \frac{mRT_A}{p_A}$$

$$V_A = \frac{1,5 \times 28,6 \times 323}{15 \times 10^4} = 0,105 \text{ m}^3$$

$$V_B = V_A \frac{T_B}{T_A} = 0,105 \times \frac{423}{323}$$

$$V_B = 0,137 \text{ m}^3$$

Trabalho:

$$W = \int_A^B p dV = p\int_A^B dV = p(V_B - V_A)$$

$$W = 15 \times 10^4(0,137 - 0,105)$$

$$W = 4\,800 \text{ kgf.m}$$

Exemplo 9.3

Um gás perfeito sofre um processo de compressão dentro de um cilindro. Retirando-se calor do gás, a sua temperatura pode permanecer inalterada, conforme indica a Figura 9.3. Pede-se para calcular o trabalho necessário para a compressão do gás.

Dados:

$p_A = 1 \text{ kgf}/\text{cm}^2$

$p_B = 10 \text{ kgf}/\text{cm}^2$

$V_A = 20 \text{ litros}$

$t_A = t_B = 35°C$

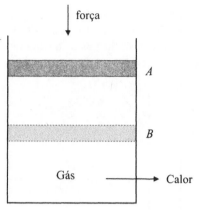

Figura 9.3

Solução:

$$W = \int_A^B p\,dV \qquad p_A V_A = p_B V_B = pV$$

$$p = \frac{p_A V_A}{V} \qquad W = \int_A^B p_A V_A \frac{dV}{V}$$

$$W = p_A V_A \ln \frac{V_B}{V_A}$$

$$V_B = \frac{p_A V_A}{p_B} = \frac{1 \times 20}{10} = 2 \text{ litros}$$

$$W = 10^4 \times 20 \times 10^{-3} \ln 2/20$$

$$W = -460 \text{ kgm}$$

9.2 Propriedades Termodinâmicas

9.2.1 Calor Específico

Quando se aquece um corpo, a quantidade de calor pode ser calculada por meio da equação:

$$Q = m\ c\ \Delta t,$$

onde c representa o calor específico do corpo, isto é, o calor necessário para elevar a temperatura de 1 unidade de massa, de 1 grau. No sistema métrico o calor específico é medido em $\frac{\text{kcal}}{\text{kg}^\circ\text{C}}$.

Quando se trata de um gás, a quantidade de calor depende do processo de aquecimento para o mesmo intervalo de temperatura.

170 Termodinâmica

A Figura 9.4 representa o aquecimento de um gás a volume constante ou a pressão constante até atingir a mesma temperatura final. O calor fornecido ao gás varia de um processo para outro. Sendo a massa do gás a mesma em ambos os casos, concluímos que os calores específicos são diferentes.

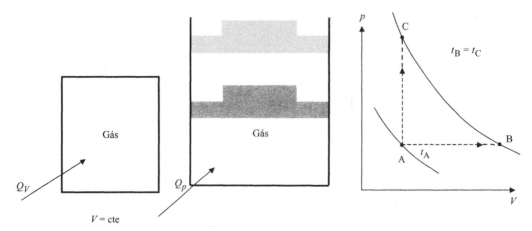

Figura 9.4

$V = $ cte $\qquad Q_V = m\, c_V (t_B - t_A)$

$p = $ cte $\qquad Q_p = m\, c_p (t_B - t_A)$

Podemos relacionar o calor específico à pressão constante c_p com a variação de entalpia do gás. Pela aplicação da primeira lei da termodinâmica, podemos afirmar:

$$Q_p - W = \Delta U$$
$$W = p(V_B - V_A) = mp(v_B - v_A)$$
$$\Delta U = m(u_B - u_A)$$
$$Q_p = mp(v_B - v_A) + m(u_B - u_A)$$
$$Q_p = m(u_B + p_B v_B) - m(u_A + p_A v_A)$$
$$Q_p = m(h_B - h_A)$$

Por outro lado, o mesmo calor pode ser calculado por meio da expressão:

$$Q_p = m\, c_p (t_B - t_A)$$

Resulta:

$$m(h_B - h_A) = m\, c_p (t_B - t_A)$$
$$\Delta h = c_p \Delta t$$
$$c_p = \frac{\Delta h}{\Delta t}$$

O calor específico de um gás varia em função da temperatura. A equação anterior define um valor médio de c_p no intervalo Δt de temperatura.

A área cinza da Figura 9.5 representa a quantidade de calor, por unidade de massa, para aquecer o gás de t_A até t_B em um processo a pressão constante.

$$\frac{Q}{m} = h_B - h_A = \int_{t_A}^{t_B} c_p \, dt$$

$$\Delta h = \int_{t_A}^{t_B} c_p \, dt$$

Podemos admitir que existe um valor médio de c_p, que, multiplicado por Δt, resulta na mesma variação de entalpia, isto é, em um retângulo de mesma área, conforme a Figura 9.5.

$$\Delta h = \int_A^B c_p \, dt$$

$$\Delta h = c_p(t_B - t_A)$$

$$\boxed{c_p = \frac{1}{\Delta t} \int_A^B c_p \, dt} \tag{9.5}$$

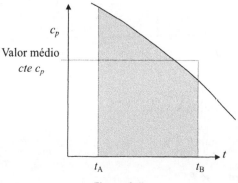

Figura 9.5

A equação 9.5 representa o calor específico médio a pressão constante, no intervalo de temperatura $(t_B - t_A)$.

Definimos o calor específico à pressão constante de um gás, em uma determinada temperatura, fazendo Δt tender a zero.

$$c_p = \lim_{\Delta t \to 0} \frac{\Delta h}{\Delta t} = \frac{dh}{dt}$$

$$\boxed{c_p = \frac{dh}{dt}} \tag{9.6}$$

172 Termodinâmica

Uma fórmula para o calor específico a volume constante também pode ser calculada:

$$Q_V = m\, c_V(t_C - t_A)$$

Aplicando-se a primeira lei a um sistema fechado de volume constante, portanto sem realização de trabalho, resulta:

$$Q_V = \Delta U$$
$$Q_V = m(u_C - u_A)$$

Portanto,

$$m(u_C - u_A) = m\, c_V\, (t_C - t_A)$$

$$c_V = \frac{\Delta u}{\Delta t}$$

Dä mesma maneira, a equação acima também representa um valor médio de calor específico, definido por:

$$c_V = \frac{1}{\Delta t} \int_A^C c_V\, dt$$

No limite, quando Δt tende a zero, afirmamos:

$$c_V = \lim_{\Delta t \to 0} \frac{\Delta u}{\Delta t} = \frac{du}{dt}$$

$$\boxed{c_V = \frac{du}{dt}}$$

(9.7)

9.2.2 Relação entre c_p e c_v

Para um gás perfeito, é válida a equação:

$$pV = m\, R\, T \qquad \text{ou} \qquad p\frac{V}{m} = R\, T$$

$$pv = R\, T$$

$$pdv + vdp = R\, dT$$

Podemos também diferenciar a entalpia:

$$h = u + pv$$
$$dh = du + pdv + vdp$$

ou

$$dh = du + R\, dT$$
$$dh = c_p\, dt = c_p\, dT$$
$$du = c_V dt = c_V dT$$

Resulta:

$$c_p dT - c_V dT = R\, dT$$

$$\boxed{c_p - c_V = R}$$

(9.8)

9.2.3 Entropia

O gás que recebe calor e sofre uma variação de volume realiza um trabalho, calculado pela primeira lei da termodinâmica para um sistema fechado:

$$dQ - dw = du$$

$$dQ = T\, ds \qquad\qquad du = dh - pdv - vdp$$

$$dw = p\, dv$$

$$T\, ds = dh - p\, dv - vdp + pdv$$

$$T\, ds = dh - vdp$$

$$ds = \frac{dh}{T} - \frac{v}{T}\, dp,$$

mas

$$dh = c_p\, dT$$

e para um gás perfeito

$$pv = R\,T \qquad \text{ou} \qquad \frac{v}{T} = \frac{R}{p}$$

Então resulta:

$$ds = c_p\, \frac{dT}{T} - R\, \frac{dp}{p}$$

$$s_B - s_A = \int_A^B c_p\, \frac{dT}{T} - \int_A^B R\, \frac{dp}{p}$$

$$\boxed{s_B - s_A = \int_A^B c_p\, \frac{dT}{T} - R \ln \frac{p_B}{p_A}}$$

(9.9)

Definimos

$$\phi_t = \int_A^B c_p\, \frac{dT}{T}$$

Portanto,

$$\int_{t_A}^{t_B} c_p\, \frac{dT}{T} = \int_{t_A}^{t_B} c_p\, \frac{dT}{T} - \int_{t_B}^{t_A} c_p\, \frac{dT}{T}$$

174 Termodinâmica

Logo,

$$\int_{t_A}^{t_B} c_p \frac{dT}{T} = \phi_B - \phi_A$$

Então resulta:

$$\boxed{s_B - s_A = \phi_B - \phi_A - R \ln \frac{p_B}{p_A}} \qquad (9.10)$$

A função ϕ_t é tabelada para cada gás e para cada valor de temperatura.

Exemplo 9.4

Calcular a variação de entropia de 1 kg de ar que sofre um aquecimento a pressão constante dentro de um cilindro fechado por um pistão. O estado inicial é determinado pela pressão $p_A = 3$ kgf/cm^2 e volume específico $v_A = 0,3$ m^3/kg. O aquecimento termina quando o volume específico do gás atinge o valor $v_B = 1,2$ m^3/kg.

$$R = 29,6 \text{ kgf.m/kg.K}$$

Solução:

$$\Delta s = \phi_B - \phi_A - R \ln \frac{p_B}{p_A}$$

Cálculo das temperaturas:

$$p_A v_A = R T_A \quad \therefore \quad T_A = \frac{p_A v_A}{R}$$

$$T_A = \frac{3 \times 10^4 \times 0,3}{29,6} = 304 \text{ K}$$

$$T_B = \frac{p_B v_B}{\overline{R}} = \frac{3 \times 10^4 \times 1,2}{29,6} = 1\,216 \text{ K}$$

$$\overline{R} \ln \frac{p_B}{p_A} = R \ln 1 = 0$$

Resulta:

$$\Delta s = \phi_B - \phi_A = 0,956 - 0,604$$

$$\Delta s = 0,352 \text{ kcal/kg.K}$$

Gás Perfeito 175

Exemplo 9.5

Um tanque de 2 m^3 contém ar à temperatura inicial de $20°C$ e pressão $p_A = 1$ kgf/cm². O ar é aquecido a volume constante até resultar a pressão $p_B = 5\ p_A$. Calcular:

a) a massa de ar;
b) a temperatura final do ar t_B, e
c) a variação da entropia do ar.

$$R = 29,6 \text{ kgf.m/kg.K}$$

Solução:

a) $p_A V_A = m\ R\ T_A$ $\qquad\qquad m = \dfrac{p_A V_A}{R T_A}$

$$m = \frac{104 \times 2}{29,6 \times 293} = 2,3 \text{ kg}$$

b) $\dfrac{p_A V_A}{T_A} = \dfrac{p_B V_B}{T_B}$ $\qquad \therefore \qquad \dfrac{p_A}{T_A} = \dfrac{p_B}{T_B}$

$$T_B = T_A\ \frac{p_B}{p_A} = 5\ T_A$$

$$T_B = 1\ 465 \text{ K} = 1\ 192°C$$

c) $\Delta_S = \phi_B - \phi_A - R\ \ln \dfrac{p_B}{p_A}$

$$R = 29,6\ \frac{\text{kgf.m}}{\text{kg.K}} = \frac{29,6}{427}\ \frac{\text{kcal}}{\text{kg.K}}$$

$$\phi_A = f(t_A) = 0,595 \text{ kcal/kg.K}$$

$$\phi_B = f(t_B) = 0,998 \text{ kcal/kg.K}$$

$$s = \frac{0,403 - 29,6}{427} \ln 5$$

$$\Delta s = 0,404 - 0,112$$

$$\Delta s = 0,291 \text{ kcal/kg.K}$$

Observação: A função $\phi = \int_{t_0}^{t} c_p\ \dfrac{dT}{T}$ depende somente da temperatura do gás. Neste problema, em que o volume é constante, a função ϕ_t pode ser usada porque conhecemos as duas temperaturas extremas do processo.

176   Termodinâmica

A variação de entropia pode também ser calculada em função de c_V.

$$dQ - dw = du \qquad\qquad dQ = T\,ds$$
$$dw = p\,dv$$
$$du = c_V\,dT$$

$$T\,ds - p\,dv = c_V\,dT$$

$$ds = c_V\,\frac{dT}{T} + \frac{p}{T}\,dv$$

Sendo o gás perfeito,

$$pv = R\,T$$

$$\frac{p}{T} = \frac{R}{v}$$

$$ds = c_V\,\frac{dT}{T} + R\,\frac{dv}{v}$$

$$\boxed{s_B - s_A = \int_A^B c_V\,\frac{dT}{T} + R\;\ln\frac{v_B}{v_A}}\qquad\qquad (9.11)$$

Exemplo 9.6

Calcular a variação de entropia de uma massa de ar que é aquecida de $t_A = 30°C$ até $t_B = 60°C$. No estado A a pressão é $p_A = 2$ kgf / cm^2 e no estado B ela aumenta para $p_B = 3$ kgf / cm^2. Adotar nesse intervalo de temperatura o calor específico médio $c_p = 0,24$ kcal / kg°C e $R = 29,6$ kgm/kg.K.

Solução:

$$s_B - s_A = \int_A^B c_p\,\frac{dT}{T} - R\ln\frac{p_B}{p_A}$$

$$s_B - s_A = c_p\,\frac{T_B}{T_A} - R\ln\frac{p_B}{p_A}$$

$$s_B - s_A = 0,24\;\ln\frac{333}{303} - \frac{29,6}{427}\;\ln\frac{3}{2}$$

$$s_B - s_A = 0,24 \times 0,092 - 0,069 \times 0,405$$

$$s_B - s_A = -\,0,0059\;\text{kcal / kg.K}$$

O mesmo resultado pode ser obtido por meio da fórmula:

$$s_B - s_A = \int_A^B c_p \frac{dT}{T} + R \ln \frac{v_B}{v_A}$$

$$c_p - c_V = R \quad \therefore$$

$$c_V = 0,24 - \frac{29,6}{427} = 0,171 \text{ kcal/kg.K}$$

$$p_A v_A = R T_A \quad \therefore \quad v_A = \frac{R T_A}{p_A}$$

$$v_A = 29,6 \times \frac{303}{2 \times 10^4} = 0,448 \text{ m}^3/\text{kg}$$

$$v_B = \frac{R T_B}{p_B} = 29,6 \times \frac{333}{3 \times 10^4} = 0,328 \text{ m}^3/\text{kg}$$

$$s_B - s_A = 0,171 \ln \frac{333}{303} + \frac{29,6}{427} \ln \frac{0,328}{0,448}$$

$$s_B - s_A = 0,171 \times 0,092 - 0,069 \times 0,313$$

$$s_B - s_A = 0,0157 - 0,0216$$

$$s_B - s_A = -0,0059 \text{ kcal/kg.K}$$

9.3 Comportamento do Vapor de Água como Gás Perfeito

9.3.1 Experiência de Joule

A experiência de Joule consiste na expansão de um gás perfeito no vácuo, conforme indica a Figura 9.6.

Uma válvula separa dois reservatórios, um contendo um gás perfeito e o outro, sob vácuo. Quando se abre a válvula, o gás se expande sem realizar trabalho, pois o vácuo não oferece resistência. Joule observou que o termômetro não indicou nenhuma variação de temperatura. A partir dessa experiência podemos tirar as seguintes conclusões:

1. Adotando-se como sistema o conjunto formado pelos dois reservatórios, podemos aplicar a primeira lei da termodinâmica:

$$Q - W = \Delta U$$

$$W = 0 \text{ (expansão no vácuo)}$$

$$Q = \Delta U$$

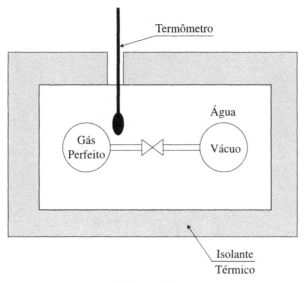

Figura 9.6

2. O termômetro indica que a água não troca calor nem com o ambiente, por causa do isolamento, nem com o gás. Portanto na equação acima $Q = 0$ e dela resulta:

$$\Delta U = 0$$

3. Não havendo troca de calor entre o gás perfeito e a água podemos concluir que a temperatura do gás não varia durante a expansão no vácuo.

4. O gás perfeito sofreu um aumento de volume e uma redução de pressão, permanecendo inalteradas a temperatura e a energia interna, o que significa que a energia interna de um gás perfeito depende somente da sua temperatura:

$$u = f(t)$$

5. A entalpia de um gás perfeito também depende somente da sua temperatura:

$$h = u + p\,v = f(t) + RT$$

$$R = \text{constante}$$

$$h = f'(t)$$

Partindo dessa conclusão, podemos verificar o comportamento de qualquer substância pura como um gás perfeito. Para isso basta observar no diagrama $T.s$ a região onde a substância sofre variação de entalpia somente quando varia a sua temperatura. A Figura 9.7 indica o comportamento de uma substância pura.

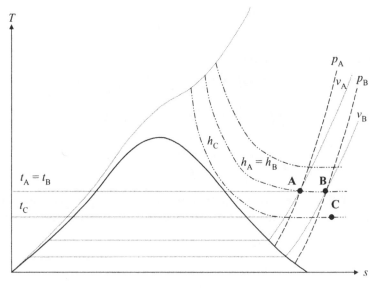

Figura 9.7

Observa-se que as linhas que representam a entalpia são curvas e na região à direita do diagrama $T.s$ se transformam em retas horizontais. Nessa região a substância se comporta como um gás perfeito porque a entalpia só varia se variar a temperatura.

$$h = f(t)$$

Como exemplo adotam-se pontos A e B de mesma entalpia e mesma temperatura. Verificamos que $p_B < p_A$ e que o volume específico aumenta ($v_B > v_A$). Entre A e B há, portanto, uma mudança de estado sem variar a temperatura e/ou a entalpia. Conclui-se que nessa região só se altera a entalpia se alterarmos a temperatura do gás. Por exemplo, o ponto C, de temperatura $T_C < T_B$, tem entalpia $h_C < h_B$. Os pontos A e B têm mesma temperatura, $T_A = T_B$, e mesma entalpia, $h_A = h_B$.

Joule nos ensina que a entalpia de um gás perfeito depende somente da sua temperatura. Verifica-se que a região dos pontos A, B e C representa o comportamento da substância como gás perfeito. Observa-se que isso acontece a pressões mais baixas ou temperaturas mais altas.

Exemplo 9.7

Aplicar a equação de gás perfeito para 1 kg de vapor de água que sofre um processo de compressão isotérmica de $p_A = 1$ kgf/cm^2 para $p_B = 5$ kgf/cm^2 e temperatura $t_A = 300°$C. Calcular o volume específico final por meio da equação de gás perfeito e comparar com o volume específico que se encontra na tabela.

Solução:

$$R = \frac{\overline{R}}{M} M = 18 \text{ kg/mol}$$

$$\overline{R} = 2 \text{ kcal/mol.K}$$

180 Termodinâmica

$$R = \frac{2 \times 427}{18} = 47,4 \text{ kgf.m/kg.K}$$

Da tabela de vapor superaquecido tiramos:

$$v_A = 2,691 \text{ m}^3/\text{kg}$$

$$\frac{p_A v_A}{T_A} = \frac{p_B v_B}{T_B} \quad \therefore \quad p_A v_A = p_B v_B$$

$$v_B = \frac{p_A v_A}{p_B} = \frac{1 \times 2,961}{5} = 0,538 \text{ m}^3/\text{kg}$$

Da tabela de vapor superaquecido obtém-se $v_B' = 0,5328 \text{ m}^3/\text{kg}$, o que significa que nessa região podemos considerar o vapor de água como um gás perfeito, com um erro de:

$$e = \frac{v_B - v_B'}{v_B} \times 100 = \frac{0,5380 - 0,5328}{0,5370} \cdot 100$$

$$e = 1\%$$

Exemplo 9.8

Resolver o mesmo problema à temperatura menor $t_A = t_B = 200°C$ e mesmas pressões e verificar o aumento do erro quando se considera o vapor como gás perfeito.
Da tabela obtém-se $v_A = 2,215 \text{ m}^3/\text{kg}$

$$v_B = \frac{v_A p_A}{p_B} = \frac{2,215 \times 1}{5} = 0,4425 \text{ m}^3/\text{kg}$$

Solução:

Da tabela obtém-se $v_B' = 0,4337 \text{ m}^3/\text{kg}$

O erro é:
$$e = \frac{0,4425 - 0,4337}{0,4425} \times 100$$

$$e = 2\%$$

Exemplo 9.9

Calcular o volume específico do vapor de água, admitido como um gás perfeito para a pressão de 1 kgf/cm² e temperatura de 500°C. Comparar o resultado obtido com aquele que se encontra na tabela de vapor.

Solução:

$$R = 47,7 \text{ kgm/kg.K}$$

$$pv = RT$$

$$v = \frac{RT}{p} = \frac{47,4 \times 773}{10^4}$$

$$v = 3,665 \text{ m}^3/\text{kg}$$

Da tabela tiramos $\quad v' = 3,636 \text{ m}^3/\text{kg}$

O erro é: $\qquad e = \dfrac{3,665 - 3,636}{3,665} \times 100 = 0,81\%$

9.4 Processo Isoentrópico

Representemos por p_r o quociente p/p_0, denominado pressão reduzida, onde p_0 é a pressão tomada como base para o cálculo da entropia. Quando se diz que a entropia de um gás em determinado estado é $s = 0,310 \text{ kcal}/\text{kg.K}$, significa que esse valor é medido a partir de um estado-padrão, definido por uma pressão p_0 e uma temperatura t_0, onde a entropia é 0.

$$p_{rA} = \frac{p_A}{p_0} \qquad\qquad p_{rB} = \frac{p_B}{p_0}$$

$$\boxed{\frac{p_{rA}}{p_{rB}} = \frac{p_A}{p_B}} \qquad\qquad (9.12)$$

A equação 9.10 pode representar um processo isoentrópico:

$$s_A - s_0 = \int_0^A c_p \frac{dT}{T} - R \ \ln \frac{p_A}{p_0} = 0$$

$$\int_0^A c_p \frac{dT}{T} = R \ \ln p_{rA}$$

$$\ln p_{rA} = \frac{1}{R} \int_0^A c_p \frac{dT}{T}$$

$$\ln p_{rA} = \frac{1}{R} \phi_A \ (t) \qquad\qquad (9.13)$$

$$s_B - s_0 = \int_0^B c_p \frac{dT}{T} - R \ \ln \frac{p_B}{p_0}$$

$$\int c_p \frac{dT}{T} = R \ln p_{rB}$$

$$\ln p_{rB} = \frac{1}{R} \int_0^B c_p \frac{dT}{T}$$

$$\ln p_{rB} = \frac{1}{R} \phi_B \ (t) \qquad\qquad (9.14)$$

A equação 9.13 e a equação 9.14 mostram que as pressões reduzidas podem ser calculadas em função da temperatura.

182 Termodinâmica

Da mesma maneira, a partir da equação 9.11 podemos demonstrar que:

$$\ln v_{rA} = -\frac{1}{R}\int_0^A c_V \frac{dT}{T}$$

$$\ln v_{rB} = -\frac{1}{R}\int_0^B c_V \frac{dT}{T}$$

Podemos afirmar que os volumes específicos reduzidos são calculados em função da pressão. As funções que relacionam p_r e v_r com a temperatura são encontradas na Tabela 9.1.

$1,8(T) + 492$ °C	$h \times 0,556$ kcal/kg	p_r	$u \times 0,556$ kcal/kg	v_r	ϕ kcal/kg
200	47,67	0,043	33,96	1 714,9	0,3603
400	95,53	0,485	68,11	305,0	0,5289
600	143,47	2,005	102,34	110,9	0,6260
800	191,81	5,526	136,97	53,6	0,6956

Tabela 9.1

Exemplo 9.10

Um compressor isoentrópico tem capacidade para elevar a pressão de 100 kg/h de ar de 1 kgf/cm² até 10 kgf/cm². A temperatura inicial do ar é de 20°C. Calcular:
a) a temperatura do ar na saída do compressor;
b) a potência fornecida ao ar para a compressão.

Solução:

Da Tabela 9.1 obtém-se, em função da temperatura $t_A = 20°C$, a pressão reduzida

$$p_{rA} = 1,28$$

Da Equação 9.12 tira-se:

$$p_{rB} = p_{rA} \cdot \frac{p_B}{p_A} = 10 \qquad\qquad p_{rA} = 12,8$$

Da Tabela 9.1 e conhecendo p_{rB} podemos obter $t_B = 288°C$.

9.4.1 Potência

No item 9.3 vimos que a entalpia de um gás perfeito depende somente de sua temperatura. Da Tabela 9.1 obtemos:

$$h_A = 70 \text{ kcal/kg} \qquad\qquad h_B = 135 \text{ kcal/kg}$$

$$\dot{W} = \dot{m}\,(h_B - h_A)$$

$$\dot{W} = 100(135 - 70)$$

$$\dot{W} = 6\,500 \text{ kcal/h}$$

Gás Perfeito 183

Sendo v_0 o volume específico no estado-padrão, o quociente $v_r = v/v_0$ é chamado de volume específico reduzido.

$$\frac{v_B}{v_A} = \frac{v_B/v_0}{v_A/v_0} = \frac{v_{rB}}{v_{rA}}$$

$$\boxed{\frac{v_B}{v_A} = \frac{v_{rB}}{v_{rA}}}$$ (9.15)

Exemplo 9.11

Usando os dados do Exemplo 9.10 calcular o volume específico do ar na entrada e na saída do compressor.

Solução:

$$R = 29,6 \text{ kgm/kg.K}$$

$$p_A v_A = R\, T_A \quad \therefore \quad v_A = \frac{R T_A}{p_A}$$

$$v_A = \frac{29,6 \times 293}{10^4} = 0,0866 \text{ m}^3/\text{kg}$$

$$\frac{v_{rB}}{v_{rA}} = \frac{v_B}{v_A} \quad \therefore \quad v_B = v_A \cdot \frac{v_{rB}}{v_{rA}}$$

$$v_{rA} = f(t_A) = 151$$

$$v_{rB} = f(t_B) = 29$$

$$v_B = 0,866 \times \frac{29}{151}$$

$$v_B = 0,166 \text{ m}^3/\text{kg}$$

9.5 Casos Particulares da Equação de Estado

A equação de estado do gás perfeito pode assumir a forma $pv^n = \text{cte}$, onde n é um expoente que depende do processo.

9.5.1 Processo Isotérmico ($n = 1$)

$$\frac{p_A v_A}{T_A} = \frac{p_B v_B}{T_B} \qquad T_B = T_A$$

$$p_A v_A = p_B v_B$$

$$\boxed{p\, v = \text{cte}}$$ (9.16)

9.5.2 Processo Isoentrópico

$$n = k \qquad k = \frac{c_p}{c_V}$$

$$ds = c_p \frac{dT}{T} - R \frac{dp}{p} = 0$$

$$ds = c_V \frac{dT}{T} + R \ln \frac{dv}{v} = 0$$

$$c_p \frac{dT}{T} = R \frac{dp}{p}$$

$$c_V \frac{dT}{T} = R \frac{dv}{v}$$

Das duas últimas equações resulta:

$$k = \frac{c_p}{c_V} = -\frac{dp/p}{dv/v}$$

$$\frac{dp}{p} = -k \frac{dv}{v}$$

Por integração, resulta:

$$\ln \frac{p_B}{p_A} = -k \ln \frac{v_B}{v_A} = k \ln \frac{v_A}{v_B}$$

$$\ln \frac{p_B}{p_A} = \ln \left(\frac{v_A}{v_B} \right)^k$$

$$\frac{p_B}{p_A} = \left(\frac{v_A}{v_B} \right)^k$$

$$\boxed{p_A v_A^{\,k} = p_B v_B^{\,k}} \tag{9.17}$$

Para o ar:

$$c_p = 0,24 \ kcal/kg^{o}C$$

$$c_V = 0,171 \ kcal/kg^{o}C$$

$$k = \frac{c_p}{c_V} = \frac{0,24}{0,171}$$

$$k = 1,4$$

Exemplo 9.12

Calcular o trabalho necessário para a compressão isoentrópica de 1 kg de ar entre os estados $p_A = 1 \ kgf/cm^2$, $t_A = 27°C$ e $p_B = 5 \ kgf/cm^2$.

Solução:

$$\overline{R} = 29,6 \ kgm/kg.K \qquad\qquad k = 1,4$$

$$W = \int_A^B p\,dv$$

$$pv^k = cte$$

$$p_A v_A{}^k = p_B v_B{}^k = p\,v^k \quad \therefore \quad p = p_A v_A{}^k / v^k$$

$$p_A v_A = \overline{R}\ T_A \quad \therefore \quad v_A = \frac{29,6 \times 300}{10^4}$$

$$v_A = 0,888 \ m^3/kg$$

$$W = \int_A^B p_A v_A{}^k \frac{dv}{v^k} = p_A v_A{}^k \int_A^B \frac{dv}{v^k}$$

$$W = p_A v_A{}^k \int_A^B v^{-k}\,dv = p_A v_A{}^k \left[\frac{v^{-k+1}}{-k+1} \right]_A^B$$

$$\boxed{ W = \frac{p_A v_A{}^K}{1-K} (v_B{}^{1-k} - v_A{}^{1-k}) }$$

$$W = \frac{p_A v_A{}^{1,4}}{1-1,4} (v_B{}^{-0,4} - v_A{}^{-0,4})$$

$$W = \frac{p_A v_A{}^{1,4}}{-0,4} \left(\frac{1}{v_B{}^{0,4}} - \frac{1}{v_A{}^{0,4}} \right)$$

$$W = \frac{p_A v_A{}^{1,4}}{0,4} \left(\frac{1}{v_A{}^{0,4}} - \frac{1}{v_B{}^{0,4}} \right)$$

Cálculo de v_B

$$p_A v_A{}^k = p_B v_B{}^k$$

$$v_B{}^k = v_A{}^k \frac{p_A}{p_B} \quad \therefore \quad v_B = v_A \frac{p_A}{p_B}$$

$$v_B = 0,279 \ m^3/kg$$

Então resulta:

$$W = \frac{10^4 \times 0,888^{1,4}}{0,4} \left(\frac{1}{0,888^{0,4}} - \frac{1}{0,279^{0,4}} \right)$$

$$W = \frac{10^4 \times 0{,}197}{0{,}4}\left(\frac{1}{0{,}12} - \frac{1}{0{,}6}\right)$$

$$W = 2\,675(8{,}35 - 1{,}6)$$

$$W = 17\,900 \text{ kgf.m}$$

Podemos representar os casos particulares das transformações dos gases perfeitos em um diagrama $p.v$.

A equação de estado é representada genericamente pela equação:

$$pv^n = \text{cte,} \tag{9.18}$$

onde n pode assumir diferentes valores em cada situação particular.

a) $n = 0$ ∴ $pv^0 = \text{cte}$ ∴ $p = \text{cte}$
b) $n = 1$ ∴ $pv = \text{cte}$ ∴ $t = \text{cte}$
c) $n = k$ ∴ $pv^k = \text{cte}$ ∴ $s = \text{cte}$

A Figura 9.8 ilustra cada caso.

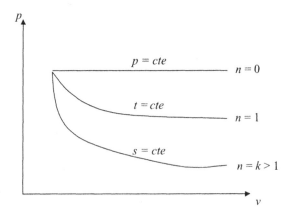

Figura 9.8

Propriedades Termodinâmicas do Ar em Baixa Pressão

1,8(T) + 492 °C	h × 0,556 kcal/kg	p_r	u × 0,556 kcal/kg	v_r	φ kcal/kg
200	47,67	0,04320	33,96	1.714,9	0,36303
220	52,46	0,06026	37,38	1.352,5	0,38584
240	57,25	0,08165	40,80	1.088,8	0,40666
260	62,03	0,10797	44,21	892,0	0,42582
280	66,82	0,13986	47,63	741,6	0,44356
300	71,61	0,17795	51,04	624,5	0,46007
320	76,40	0,22290	54,87	531,8	0,47550
340	81,18	0,27545	57,87	457,2	0,49002

(continuação)

1,8(T) + 492 °C	$h \times 0,556$ kcal/kg	p_r	$u \times 0,556$ kcal/kg	v_r	ϕ kcal/kg
360	85,97	0,3363	61,29	396,6	0,50369
380	90,75	0,4061	64,70	346,6	0,51663
400	95,53	0,4858	68,11	305,0	0,52890
420	100,32	0,5760	71,52	270,1	0,54058
440	105,11	0,6776	74,93	240,6	0,55172
460	109,90	0,7913	78,36	215,53	0,56235
480	114,69	0,9182	81,77	193,65	0,57255
500	119,48	1,0590	85,20	174,90	0,58233
520	124,27	1,2147	88,62	158,58	0,59173
540	129,06	1,3860	92,04	144,32	0,60078
560	133,86	1,5742	95,47	131,78	0,60950
580	138,66	1,7800	98,90	120,70	0,61793
600	143,47	2,005	102,34	110,88	0,62607
620	148,28	2,249	105,78	102,12	0,63395
640	153,09	2,514	109,21	94,30	0,64159
660	157,92	2,801	112,67	87,27	0,64902
680	162,73	3,111	116,12	80,96	0,65621
700	167,56	3,446	119,58	75,25	0,66321
720	172,39	3,806	123,04	70,07	0,67002
740	177,23	4,193	126,51	65,38	0,67665
760	182,08	4,607	129,99	61,10	0,68312
780	186,94	5,051	133,47	57,20	0,68942
800	191,81	5,526	136,97	53,63	0,69558
820	196,69	6,033	140,47	50,35	0,70160
840	201,56	6,573	143,98	47,34	0,70747
860	206,46	7,149	147,50	44,57	0,71323
880	211,35	7,701	151,02	42,01	0,71886
900	216,26	8,411	154,57	39,64	0,72438
920	221,18	9,102	158,12	37,44	0,72979
940	226,11	9,834	161,68	35,41	0,73509
960	231,06	10,610	165,26	33,52	0,74030
980	236,02	11,430	168,83	31,76	0,74540
1.000	240,98	12,298	172,43	30,12	0,75042
1.020	245,97	13,215	176,04	28,59	0,75536
1.040	250,95	14,182	179,29	27,17	0,76019
1.060	255,96	15,203	183,29	25,82	0,76496
1.080	260,97	16,278	186,93	24,58	0,76964
1.100	265,99	17,413	190,58	23,40	0,77426
1.120	271,03	18,604	194,25	22,30	0,77880

188 Termodinâmica

(*continuação*)

1,8(T) + 492 °C	h × 0,556 kcal/kg	p_r	u × 0,556 kcal/kg	v_r	φ kcal/kg
1.140	276,08	19,858	197,94	21,27	0,78326
1.160	281,14	21,18	201,63	20,293	0,78767
1.180	286,21	22,56	205,33	19,377	0,79201
1.200	291,30	24,01	209,05	18,514	0,79628
1.220	296,41	25,53	212,78	17,700	0,80050
1.240	301,52	27,13	216,53	16,932	0,80466
1.260	306,65	28,80	220,28	16,205	0,80876
1.280	311,79	30,55	224,03	15,518	0,81280
1.300	316,94	32,39	227,83	14,868	0,81680
1.320	322,11	34,31	231,63	14,253	0,82075
1.340	327,29	36,31	235,43	13,670	0,82464
1.360	332,48	38,41	239,25	13,129	0,82848
1.380	337,68	40,59	243,08	12,593	0,83229
1.400	342,90	42,88	246,93	12,095	0,83604
1.420	348,14	45,26	250,79	11,622	0,83975
1.440	353,37	47,75	254,66	11,172	0,84341
1.460	358,63	50,34	258,54	10,743	0,84704
1.480	363,89	53,04	262,44	10,336	0,85062
1.500	369,17	55,86	266,34	9,948	0,85416
1.520	374,47	58,83	270,26	9,578	0,85767
1.540	379,77	61,83	274,20	9,226	0,86113
1.560	385,08	65,00	278,13	8,890	0,86456
1.580	390,40	68,30	282,09	8,569	0,86794
1.600	395,74	71,73	286,06	8,263	0,87130
1.620	401,09	75,29	290,04	7,971	0,87462
1.640	406,45	78,99	294,03	7,691	0,87791
1.660	411,82	82,83	298,02	7,424	0,88116
1.680	417,20	86,82	302,04	7,168	0,88439
1.700	422,59	90,95	306,06	6,924	0,88758
1.720	428,00	95,24	310,09	6,690	0,89074
1.740	433,41	99,69	314,13	6,465	0,89387
1.760	438,83	104,30	318,18	6,251	0,89697
1.780	444,26	109,08	322,24	6,045	0,90003
1.800	449,71	114,03	326,40	5,847	0,90308
1.820	455,17	119,16	330,40	5,658	0,90609
1.840	460,63	124,47	334,50	5,476	0,90908
1.860	466,12	129,95	338,61	5,302	0,91203
1.880	471,60	135,64	342,73	5,134	0,91497

(*continuação*)

1,8(T) + 492 °C	h × 0,556 kcal/kg	p_r	u × 0,556 kcal/kg	v_r	φ kcal/kg
1.900	477,09	141,51	346,85	4,974	0,91788
1.920	482,60	147,59	350,98	4,819	0,92076
1.940	488,12	153,87	355,12	4,670	0,92362
1.960	493,64	160,37	359,28	4,527	0,92645
1.980	499,17	167,07	363,43	4,390	0,92926
2.000	504,71	174,00	367,61	4,258	0,93205
2.020	510,26	181,16	371,79	4,130	0,93481
2.040	515,82	188,54	375,98	4,008	0,93756
2.060	521,39	196,16	380,18	3,890	0,94026
2.080	526,97	204,02	384,39	3,777	0,94296
2.100	532,55	212,1	388,60	3,667	0,94564
2.120	538,15	220,5	392,82	3,561	0,94829
2.140	543,74	229,1	397,05	3,460	0,95092
2.160	549,97	238,0	401,29	3,362	0,95352
2.180	554,97	247,2	405,53	3,267	0,95611
2.200	560,59	256,6	409,78	3,176	0,95868
2.220	566,23	266,3	414,05	3,088	0,96123
2.240	571,86	276,3	418,31	3,003	0,96376
2.260	577,51	286,6	422,59	2,921	0,96626
2.280	583,16	297,2	426,87	2,841	0,96876
2.300	588,82	308,1	431,16	2,765	0,97123
2.320	594,49	319,4	455,46	2,691	0,97369
2.340	600,19	330,9	459,76	2,619	0,97611
2.360	605,84	342,8	444,07	2,550	0,97853
2.380	611,53	355,0	448,38	2,483	0,97092
2.400	617,22	367,6	452,70	2,419	0,98331

9.6 Exercícios Resolvidos

9.6.1 Uma certa massa de ar, encerrada dentro de um cilindro, sofre as seguintes transformações:

1. compressão isoentrópica até $p_1 = 7$ kgf / cm²;
2. aquecimento a volume constante;
3. expansão isoentrópica até o ar voltar ao volume inicial v_0;
4. resfriamento constante até o ar atingir a pressão inicial p_0.

Pede-se para:
a) representar as transformações em um diagrama $p.v$;
b) calcular em cada estado a temperatura, a pressão e o volume específico.

Dados:

$v_0 = 0,6$ litros $\quad c_V = 0,17$ kcal/kg°C
$p_0 = 1$ kgf/cm² $\quad R = 29,6$ kgm/kg.K
$t_0 = 20$°C $\quad k = 1,4$

Observação: O calor usado no aquecimento do ar provém da queima de um combustível de poder calorífico $PC = 9.000$ kcal/kg, com rendimento de 82%.

Solução:

a)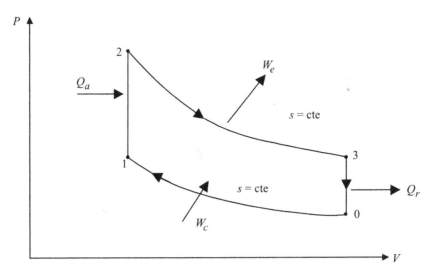

Figura 9.9

b) *Estado 0*

$$p_0 = 1 \text{ kgf/cm}^2$$
$$t_0 = 20°C$$
$$p_0 v_0 = RT_0 \quad \therefore \quad v_0 = \frac{RT_0}{p_0}$$
$$v_0 = \frac{29,6 \times (20 + 273)}{10^4}$$
$$\mathbf{v_0 = 0,87 \text{ m}^3/\text{kg}}$$

Estado 1

$$p_1 = 7 \text{ kgf/cm}^2$$
$$s_1 = s_0 \quad \therefore \quad p_1 v_1^k = p_0 v_0^k$$
$$v_1 = v_0 \left(\frac{p_0}{p_1}\right)^{1/k}$$

$$v_1 = 0,87 \left(\frac{1}{7} \right)^{1/1,4} = 0,87 \times 0,143^{0,715}$$

$$v_1 = 0,218 \text{ m}^3/\text{kg}$$

$$p_1 v_1 = R T_1 \quad \therefore \quad T_1 = \frac{p_1 v_1}{R}$$

$$T_1 = \frac{7 \times 10^4 \times 0,218}{29,6} = 516 \text{ K}$$

$$t_1 = 243^{\circ}\text{C}$$

Estado 2

$$v_2 = v_1 = 0,218 \text{ m}^3/\text{kg}$$

O calor fornecido é:

$$Q_a = m_c \times P_C \times \eta_C$$

$$L = \frac{m_a}{m_c} = 14$$

$$m_c = \frac{m_a}{14}$$

A massa de ar pode ser calculada por meio do estado inicial:

$$v_0 = \frac{V_0}{m_a} \quad \therefore \quad m_a = \frac{V_0}{v_0}$$

$$m_a = \frac{0,6 \times 10^{-3}}{0,87} = 6,9 \times 10^{-4} \text{ kg}$$

$$m_c = \frac{\eta_a}{14} = \frac{6,9 \times 10^{-4}}{14}$$

$$m_c = 4,92 \times 10^{-5} \text{ kg}$$

Resulta:

$$Q_a = 4,92 \times 10^{-5} \times 9\,000 \times 0,82$$

$$Q_a = 0,364 \text{ kcal}$$

Esse calor é utilizado para o aquecimento do ar:

$$Q_a = m_a \, c_V \, (t_2 - t_1)$$

$$t_2 = t_1 + \frac{Q_a}{m_a c_V} = 243 + \frac{0,364}{6,9 \times 10^4 \times 0,17}$$

$$t_2 = 3\,343^{\circ}\text{C}$$

192 Termodinâmica

$$p_2 v_2 = R\,T_2 \quad \therefore \quad p_2 = \frac{RT_2}{v_2}$$

$$p_2 = \frac{29,6 \times (3\,343 + 273)}{0,218}$$

$$\boldsymbol{p_2 = 49{,}2\ \text{kgf}/\text{cm}^2}$$

Estado 3

$$v_3 = v_0 = 0{,}87\ \text{m}^3/\text{kg}$$

$$s_3 = s_2 \quad \therefore \quad p_2 v_2{}^k = p_3 v_3{}^k$$

$$p_3 = p_2 \left(\frac{v_2}{v_3} \right)^k$$

$$p_3 = 49{,}2 \left(\frac{0,218}{0,87} \right)^{1,4}$$

$$p_3 = 7{,}1\ \text{kgf}/\text{cm}^2$$

$$p_3 v_3 = R\,T_3$$

$$T_3 = \frac{7{,}1 \times 10^4 \times 0{,}87}{29{,}6} = 2\,090\ \text{K}$$

$$\boldsymbol{t_3 = 1\,817^{\circ}\text{C}}$$

	0	1	2	3
p	1,0	7,0	49,2	7,1
t	20	243	3,343	1,817
v	0,87	0,218	0,218	0,87

9.6.2 Calcular o trabalho necessário para a compressão do ar do Exercício 9.6.1, utilizando a tabela com os valores encontrados.

Dados:

$$m_a = 6{,}9 \times 10^{-4}\ \text{kg}$$

$$k = 1{,}4$$

Solução:

$$W_c = \frac{m p_0 v_0{}^k}{1 - K} \left(v_1{}^{1-k} - v_0{}^{1-k} \right)$$

$$W_c = \frac{6{,}9 \times 10^{-4} \times 10^4 \times 0{,}87^{1,4}}{-0{,}4} \left(\frac{1}{0{,}218^{0,4}} - \frac{1}{0{,}87^{0,4}} \right)$$

$$W_c = \frac{6,9 \times 0,825}{-0,4} \left(\frac{1}{0,54} - \frac{1}{0,95} \right)$$

$$W_c = 11,4 \text{ kgf.m}$$

9.6.3 Calcular o trabalho realizado pelo ar durante a expansão (2–3) do Exercício 9.6.1.

Dados:

$$m = 6,9 \times 10^{-4} \text{ kg}$$

$$k = 1,4$$

Solução:

$$W_e = \frac{m p_2 v_2{}^k}{1-K} \left(v_3{}^{1-k} - v_2{}^{1-k} \right)$$

$$W_e = \frac{6,9 \times 10^{-4} \times 49,2 \times 10^4 \times 0,218^{1,4}}{-0,4} \left(\frac{1}{0,87^{0,4}} - \frac{1}{0,218^{0,4}} \right)$$

$$W_e = \frac{6,9 \times 49,2 \times 0,12}{-0,4} \left(\frac{1}{0,95} - \frac{1}{0,54} \right)$$

$$W_e = 81,5 \text{ kgf . m}$$

9.6.4 Calcular o calor retirado do ar durante o resfriamento (3–0).

Dados:

$$m = 6,9 \times 10^{-4} \text{ kg}$$

$$c_V = 0,17 \text{ kcal/kg}^\circ\text{C}$$

Solução:

$$Q_r = m\, c_V\, (t_3 - t_0)$$

$$Q_r = 6,9 \times 10^{-4} \times 0,17(1\,817 - 20)$$

$$Q_r = 0,211 \text{ kcal}$$

9.6.5 Verificar se os valores e trabalhos envolvidos no ciclo do Exemplo 9.6.1 satisfazem a primeira lei da termodinâmica.

Dados:

$$Q_a = 0,364 \text{ kcal}$$

$$Q_r = 0,211 \text{ kcal}$$

$$W_c = 11,4 \text{ kgf.m}$$

$$W_e = 81,4 \text{ kgf.m}$$

194 Termodinâmica

Solução:

Tratando-se de um sistema fechado realizando um ciclo, podemos afirmar que a energia que entra é igual à que sai. Portanto,

$$W_c + Q_a = W_e + Q_r$$

$$W_c + Q_a = \frac{11,4}{427} + 0,364 = 0,391 \text{ kcal}$$

$$W_e + Q_r = \frac{81,4}{427} + 0,211 = 0,397 \text{ kcal}$$

9.6.6 Admitindo-se que o ciclo do Exercício 9.6.1 seja de uma máquina cuja finalidade é a obtenção do trabalho W_e à custa da queima do combustível, calcular o seu rendimento térmico.

Dados:

$$W_e = 81,4 \text{ kgf.m}$$

$$W_c = 11,4 \text{ kgf.m}$$

$$Q_a = 0,364 \text{ kcal}$$

$$\eta_c = 0,82 \text{ (rendimento de combustão)}$$

Solução:

$$\eta = \frac{W_e - W_c}{Q_a'}$$

$$Q_a' = \frac{Q_a}{\eta_c} = \frac{0,364}{0,82} = 0,445 \text{ kcal}$$

$$\eta = \frac{\dfrac{81,4 - 11,4}{427}}{0,445} = \frac{0,164}{0,445}$$

$$\eta = 36,8\%$$

9.6.7 Admitindo-se um motor constituído por 8 cilindros iguais ao do Exercício 9.6.1, calcular a sua potência para uma rotação de 1 200 rpm.

Dados:

$$W_e = 81,4 \text{ kgf.m}$$

$$N = 1\,200 \text{ rpm} = 20 \text{ rps}$$

$$C = 8 \text{ cilindros}$$

Solução:

$$\dot{W} = W_e \times C \times N$$

$$\dot{W} = 81,4 \times 8 \times 20$$

$$\dot{W} = 13\,100 \text{ kgf.m/s}$$

$$\dot{W} = \frac{13\,100}{75} = 175 \text{ CV}$$

$$\dot{W} = 175 \text{ CV}$$

Observação: Podemos chegar ao mesmo resultado a partir do consumo de combustível e do rendimento do ciclo.

$$\dot{W} = \frac{m_c \times P_C \times C \times N \times \eta}{\eta_c}$$

$\eta = 0,368$ (do Exercício 9.6.6)

$m_c = 4,92 \times 10^{-5}$ kg (do Exercício 9.6.1)

$$\dot{W} = \frac{4,92 \times 10^{-5} \times 9000 \times 8 \times 1200 \times 0,368}{0,82}$$

$$\dot{W} = 19\,100 \text{ kcal/min}$$

$$\dot{W} = 19\,100 \times 60 = 1\,146\,000 \text{ kcal/h}$$

$$\dot{W} = \frac{1\,146\,000}{632} = 1\,813 \text{ CV}$$

CAPÍTULO 10

Psicrometria

Este capítulo destina-se ao estudo do ar atmosférico, considerado como uma mistura de ar seco e vapor de água. Nas condições atmosféricas, os dois gases atuam obedecendo às equações do gás perfeito, porque se encontram em baixas pressões. Este capítulo é importante para o estudo das condições atmosféricas e da climatização de ambientes, que dependem fundamentalmente da quantidade de vapor misturada com o ar.

A Figura 10.1 representa um tanque de volume V que contém ar atmosférico a uma pressão P, sendo m_a a massa de ar seco e m_V a massa de vapor. Vejamos inicialmente algumas definições decorrentes de uma mistura de dois gases perfeitos.

10.1 Pressão Parcial

Se um dos componentes de uma mistura de gases ocupar sozinho o volume total da mistura, a sua pressão logicamente será menor. Esta será a sua pressão parcial, desde que a temperatura seja a mesma.

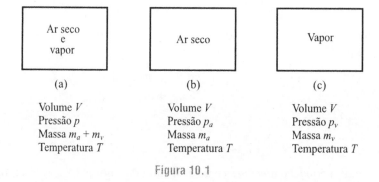

Figura 10.1

Apliquemos a equação de estado para cada um dos componentes considerados isoladamente. Da Figura 10.1(b) tiramos:

$$p_a V = m_a R_a T \qquad (10.1)$$

onde R_a é a constante de ar definida no Capítulo 9 como a constante universal dividida pela massa molecular do ar

$$R_a = \frac{\overline{R}}{M_a}$$

$\overline{R} = 2 \text{ kcal} / \text{kmol} . \text{ K}$ $\qquad\qquad M_a = 28,9 \text{ kg} / \text{kmol}$

$R_a = 2 / 28,9 \text{ kcal} / \text{kg}$

$$R_a = \frac{2 \times 427}{28,9} = 29,6 \text{ kgm} / \text{kg}$$

Da Figura 10.1(c) tiramos:

$$\boxed{p_V \, V = m_V \, R_V \, T} \qquad\qquad (10.2)$$

$$R_V = \frac{\overline{R}}{M_V} \qquad\qquad M_V = 18 \text{ kg} / \text{kmol}$$

$$R_V = \frac{2 \times 427}{18} = 47,4 \text{ kgm} / \text{kg}$$

Das equações 10.1 e. 10.2 podemos tirar:

$$p_a V + p_V V = m_a R_a T + m_V R_V T$$

$$(p_a + p_V) \times V = (n_a R_a + m_V R_V) \times T$$

$$(p_a + p_V)V = \frac{m_a R_a + m_V R_V}{m_a + m_V} \times (m_a + m_V)T$$

A constante R_m de uma mistura de gases pode ser definida como a média ponderada das constantes parciais:

$$R_m = \frac{m_a R_a + m_V R_V}{m_a + m_V}$$

Do que resulta:

$$(p_a + p_V)V = (m_a + m_V)R_m T \qquad\qquad (10.3)$$

Se aplicarmos a equação dos gases para a mistura da Figura 10.1(a) teremos:

$$p \, . \, V = (m_a + m_V)RT \qquad\qquad (10.4)$$

Comparando-se as equações 10.3 e 10.4, resulta:

$$\boxed{p_a + p_V = p} \qquad\qquad (10.5)$$

No estudo em questão, a pressão total é a pressão atmosférica local, que é igual à soma das pressões parciais do ar seco e do vapor de água.

Psicrometria 199

Exemplo 10.1

Uma sala de 500 m^3 contém o ar atmosférico à pressão de 1 kgf/cm^2 e temperatura de 30°C.

Sabe-se que a massa de vapor é 12 kg. Conhecidas as constantes específicas do ar e do vapor, calcular:

a) a pressão parcial de cada componente;
b) a massa de ar seco.

Solução:

a) pressão parcial do vapor

$$p_V V = m_V R_V T$$

$$p_V = \frac{m_V R_V T}{V} = \frac{12 \times 47,4 \times (273 + 30)}{500}$$

$$p_V = 344 \text{ kgf/cm}^2$$

pressão parcial de ar seco

$$p_a + p_V = p$$

$$p_a = p - p_V = 10^4 - 344$$

$$p_a = 9\,656 \text{ kgf/cm}^2$$

b) massa de ar seco

$$p_a V = m_a R_a T$$

$$m_a = \frac{p_a V}{R_a T} = \frac{9\,656 \times 500}{29,6 \times 303}$$

$$m_a = 538 \text{ kg}$$

Exemplo 10.2

Calcular a constante do ar atmosférico a partir dos seus componentes e verificar pela equação dos gases que a pressão total é de 1 kgf/cm^2.

$$R_m = \frac{m_a R_a + m_V R_V}{m_a + m_V}$$

$$R_m = \frac{538 \times 29,6 + 12 \times 47,4}{538 + 12}$$

$$R_m = \frac{15\,900 + 569}{550} = 29,9 \text{ kgm/kg}$$

Equação dos gases

$$pV = (m_a + m_V)R_m T$$

$$p = \frac{(m_a + m_V)R_m T}{V}$$

$$p = \frac{550 \times 29,9 \times 303}{500} = 10\,000$$

$$p = 10\,000 \text{ kgf/cm}^2$$

10.2 Temperatura de Orvalho

A Figura 10.2 representa o diagrama $T.s$ do vapor de água considerado isoladamente. Portanto a pressão indicada é a sua pressão parcial. O ponto A indica o estado do vapor no ar atmosférico, onde T é a temperatura da mistura. Deve-se observar que o vapor se encontra no estado superaquecido. Se provocamos o resfriamento do ar atmosférico sem alterar a quantidade de vapor, a temperatura deste também diminui e a sua pressão permanece constante. Quando o vapor se torna saturado, inicia-se um processo de condensação. Neste ponto define-se a temperatura do orvalho, indicada na Figura 10.2. Nessas condições define-se a saturação do ar, indicando que nessa temperatura o ar contém a máxima quantidade possível de vapor. A partir desse ponto, se quisermos aumentar a quantidade de vapor, devemos elevar também a temperatura do ar. Por outro lado, se reduzirmos a temperatura abaixo do ponto de orvalho, o vapor se condensará, reduzindo a sua pressão parcial. Portanto,

$$p_S = f(t)$$

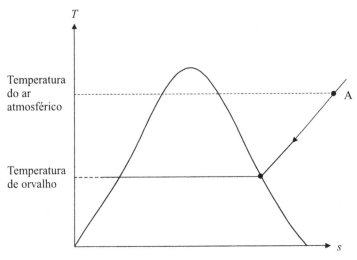

Figura 10.2

Exemplo 10.3

Calcular o ponto de orvalho do ar de um ambiente de 500 m³ contendo 12 kg de vapor a 30°C.

Solução:

Como vimos no Exemplo 10.1, a pressão parcial do vapor é $p_V = 344$ kgf/cm². No ponto de orvalho, $p_V = p_S$, isto é, o vapor é saturado.

$$p_S = 0,0344 \text{ kgf/cm}^2$$

Da tabela de vapor saturado obtemos:

$$t_0 = 26,2°C$$

10.3 Umidade Relativa do Ar

Na seção 10.2 vimos que a saturação do ar pode ser obtida por meio do resfriamento sem que este altere a massa de vapor, isto é, sem que altere a sua pressão parcial. Consideremos agora uma sala cujo ar atmosférico não esteja saturado. Se adicionarmos vapor de água a essa sala, sem alterar a sua temperatura, chegaremos também à sua saturação. Isso significa que existe um limite de vapor que o ar suporta e que esse limite depende da sua temperatura. Se adicionarmos vapor além do limite, sem alterar a temperatura do ar, em algum ponto da sala haverá condensação para compensar o vapor que entrou a mais, a qual se verificará nos pontos de baixa temperatura. Quando muitas pessoas se reúnem em uma sala, a respiração provoca um aumento da quantidade de vapor. Quando se atinge a saturação, os vidros se embaçam indicando que uma parte do vapor se condensou.

A Figura 10.3 indica o aumento da pressão parcial do vapor, quando se eleva a sua massa.

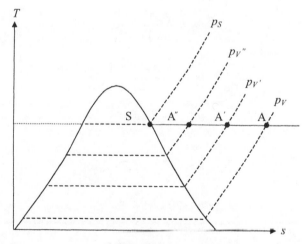

Figura 10.3

202 Termodinâmica

Se a temperatura não se altera, o ponto A tende para S, passando por A′, A″ etc. O ponto S indica a saturação do ar e a pressão p_S indica a pressão de saturação.

Define-se a umidade relativa ϕ como a relação entre a massa de vapor contida no ar e a massa necessária para provocar a sua saturação, sem alterar a temperatura.

$$\boxed{\phi = \frac{m_V}{m_S}} \tag{10.6}$$

m_V = massa atual de vapor
m_S = máxima quantidade de vapor que o ar suporta a uma determinada temperatura.

Exemplo 10.4

Calcular a umidade relativa do ar de uma sala de 500 m^3 que contém 12 kg de vapor à temperatura de 30°C.

Solução:

$$\phi = \frac{m_V}{m_S} \qquad\qquad m_V = 12 \text{ kg}$$

Cálculo de m_S

O ar saturado tem as seguintes características:

$$t = 30°C$$

$$V = 500 \text{ m}^3$$

$$p_S = f(t) = 0{,}04325 \text{ kgf/cm}^2 \text{ (tab. de vapor)}$$

$$R_V = 47{,}4 \text{ kgf.m/kg.K}$$

Portanto:

$$p_S\, V = m_S\, R_V\, T$$

$$m_S = \frac{p_S\, V}{R_V\, T}$$

$$m_S = \frac{0{,}04325 \times 10^4 \times 500}{47{,}4 \times 303}$$

$$m_S = 14{,}8 \text{ kg}$$

Então resulta:

$$\phi = \frac{12}{15{,}1} = 0{,}79$$

$$\phi = 79\%$$

A umidade relativa do ar pode ser calculada em função da pressão parcial do vapor.

$$\phi = \frac{m_V}{m_S}$$

$$p_V\, V = m_V\, R_V\, T$$

$$p_S\, V = m_S\, R_V\, T$$

Se dividirmos as duas equações acima uma pela outra, encontraremos:

$$\frac{p_V}{p_S} = \frac{m_V}{m_S}$$

Logo:

$$\boxed{\phi = \frac{p_V}{p_S}} \tag{10.7}$$

Exemplo 10.5

Verificar a umidade relativa do ar da sala de 500 m^3, à temperatura de 30°C, contendo 12 kg de vapor.

Solução:

$$\phi = \frac{p_V}{p_S}$$

$$p_S = f(t) = 0{,}4325 \; \text{kgf}/\text{cm}^2$$

$$p_V\, V = m_V\, R_V\, T$$

$$p_V = \frac{12 \times 47{,}4 \times 303}{500} = 344 \; \text{kgf}/\text{cm}^2$$

$$\phi = \frac{344}{432{,}5} = 0{,}79$$

$$\phi = 79\%$$

10.4 Umidade Absoluta do Ar

A relação entre a massa de vapor e a massa de ar seco denomina-se umidade absoluta do ar.

$$w = \frac{m_V}{m_a}, \tag{10.8}$$

mas

$$p_a V = m_a R_a\, T$$

204 Termodinâmica

$$p_V V = m_V R_V T$$

$$m_V = \frac{p_V \cdot V}{R_V \cdot T} \qquad\qquad m_a = \frac{p_a \cdot V}{R_a \cdot T}$$

$$\frac{m_V}{m_a} = \frac{p_V}{p_a} \times \frac{R_a}{R_V}$$

$$w = \frac{29,6}{47,4} \cdot \frac{p_V}{p_a}$$

$$w = 0,622 \; \frac{p_V}{p_a} \qquad\qquad\qquad (10.9)$$

$$p_V + p_a = p$$

$$\boxed{w = 0,622 \; \frac{p_V}{p - p_V}} \qquad\qquad\qquad (10.10)$$

Exemplo 10.6

Calcular a umidade absoluta do ar, cuja umidade relativa é 79% e cuja temperatura é 30°C, para uma pressão atmosférica de 1 kgf/cm^2.

Solução:

$$w = 0,622 \, p_V (p - p_V)$$

Cálculo de p_V

$$\phi = \frac{p_V}{p_S} \qquad\qquad p_S = f(t)$$

$$p_S = 0,04325 \; \text{kgf/cm}^2$$

$$p_V = 0,79 \times 0,04325 = 0,0344 \; \text{kgf/cm}^2$$

$$w = 0,622 \times \frac{0,0344}{1 - 0,0344} = 0,0222$$

$$w = 0,0222 \; \text{kg de vapor/kg de ar seco}$$

Observação:

Este resultado pode ser obtido dividindo-se a massa de vapor $m_V = 12$ kg pela massa de ar seco $m_a = 538$ kg do Exemplo 10.1.

$$w = \frac{m_V}{m_a} = \frac{12}{538} = 0,0222 \; \text{kg de vapor/kg de ar seco}.$$

10.5 Temperatura de Saturação Adiabática

A Figura 10.4 mostra o ar atmosférico entrando em um tubo com uma umidade relativa de $\phi < 1$, o que significa que esse ar tem capacidade de absorver água até atingir a saturação. Um conjunto de chuveiros instalados na trajetória do ar eleva a sua umidade reduzindo a sua temperatura. O ar provoca a evaporação da água fornecendo o calor necessário. Dessa maneira a sua temperatura diminui e a umidade aumenta, porque o vapor de água acompanha a massa de ar. Um processo semelhante acontece com a brisa que vem do mar. A temperatura desse ar é agradável nos dias quentes, porque ela foi reduzida ao passar sobre a superfície da água, provocando a sua evaporação.

No dispositivo da Figura 10.4, se a trajetória do ar for suficientemente longa, ele poderá sair saturado. A temperatura na saída chama-se "temperatura de saturação adiabática" (tsa), porque o ar se satura sem troca de calor com o meio.

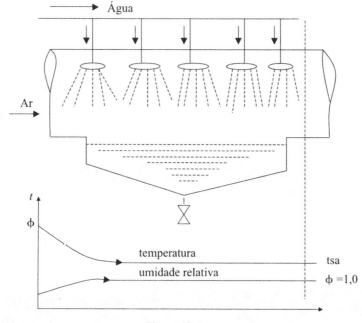

Figura 10.4

O diagrama desenhado abaixo do dispositivo de saturação mostra a redução da temperatura e o aumento da umidade relativa do ar na sua trajetória. Deve-se observar que a temperatura passa a ser uma constante quando a umidade relativa permanece igual a 100%.

10.6 Entalpia do Ar Atmosférico

Sendo o ar atmosférico uma mistura de dois gases, a sua entalpia é o resultado das massas que o constituem e das respectivas entalpias. A entalpia é medida em unidades de calor por unidade de massa de ar seco, isto é, em kcal / kg de ar seco.

206 Termodinâmica

Já definimos a umidade absoluta w que representa a massa de vapor contida em 1 kg de ar seco. Chamemos de h_V a entalpia de 1 kg de vapor, medida em kcal/kg. A entalpia da massa de vapor contida em 1 kg de ar é igual ao produto $w \times h_V$ cuja umidade é

$$\frac{\text{kg de vapor}}{\text{kg de ar seco}} \times \frac{\text{kg}}{\text{kg de vapor}} = \frac{\text{kcal}}{\text{kg de ar seco}}$$

Se representarmos por h_a a entalpia de 1 kg de ar seco, poderemos achar a entalpia total do ar atmosférico.

$$\boxed{h = h_a + w \cdot h_V} \tag{10.11}$$

A entalpia do ar seco é medida a partir de um estado-padrão, é definida pela temperatura zero na escala Celsius e pressão de 1 atm. Neste estado a entalpia assume valores positivos ou negativos.

Exemplo 10.7

Calcular a entalpia específica do ar saturado sujeito à pressão de 1 atm e temperatura de 30°C.

$$1 \text{ atm} = 1{,}033 \text{ kgf/cm}^2$$

$$h = h_a + w \cdot h_V$$

$$h_a = c_p \times t = 0{,}24 \times 30 = 7{,}2 \text{ kcal/kg de ar seco}$$

$$h_V = 610{,}4 \text{ kcal/kg de vapor (da tabela de vapor saturado)}$$

Cálculo de w

$$w = 0{,}622 \; \frac{p_V}{p - p_V}$$

$$\phi = \frac{p_V}{p_S} \qquad\qquad p_S = f(t) = 0{,}043 \text{ kgf/cm}^2$$

$$p_V = \phi \times p_S = 0{,}043 \text{ kgf/cm}^2$$

$$w = 0{,}622 \times \frac{0{,}043}{1{,}033 - 0{,}043}$$

$$w = 0{,}0217 \text{ kg de vapor/kg de ar seco}$$

$$h = h_a + w \, h_1$$

$$h = 7{,}2 + 0{,}027 \times 610{,}4$$

$$h = 23{,}7 \text{ kcal/kg de ar seco}$$

10.6.1 Entalpia na Saturação Adiabática

Chamemos de h_1 a entalpia total do ar que entra no saturador, isto é, $h_1 = h_{a1} + w_1 h_{V1}$, e de h_2 a entalpia na saída, ou seja, $h_2 = h_{a2} + w_2 h_{V2}$.

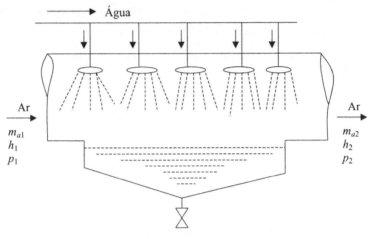

Figura 10.5

Apliquemos ao sistema a equação do primeiro princípio da termodinâmica. O sistema recebe a massa de ar m_1 constituída pela massa m_{a1} de ar seco e pela massa $w_1 m_{a1}$ de vapor, tal que

$$m_1 = m_{a1} + w_1 m_{a1}$$

O sistema também recebe a massa de vapor, numericamente igual à diferença entre a água que entra pelo chuveiro e a que sai pela parte inferior do saturador. Esse vapor aumenta a umidade absoluta do ar. Se cada quilograma de ar seco entra com a massa w_1 de vapor e sai com a massa w_2, a massa total de vapor que se adiciona ao ar pode ser avaliada por meio da fórmula

$$m_V = m_{a2} w_2 - m_{a1} w_1$$

Lembremos que $m_{a2} = m_{a1}$, isto é, a massa de ar seco é a mesma na entrada e na saída. A massa total é que difere, por causa da diferença da massa de vapor.

$$m_V = m_{a1}(w_2 - w_1)$$

A massa de ar que sai do sistema é igual à massa de ar seco adicionada à massa de vapor $m_{a2} w_2$.

$$m_2 = m_{a2} + w_2 \cdot m_{a2}$$

$$m_2 = m_{a1} + w_2 \cdot m_{a1}$$

A primeira lei da termodinâmica estabelece que a energia que entra no sistema em regime permanente é igual à energia que sai.

$$m_1 h_1 + m_V h_a = m_2 h_2 \tag{10.12}$$

h_a = entalpia da água adicionada ao ar

Adotemos algumas hipóteses simplificadoras perfeitamente na prática.

Hipótese nº 1: a massa $m_V = m_{a1}(w_2 - w_1)$ é muito menor que a massa m_{a1} de ar seco que passa pelo saturador.

Hipótese nº 2: a entalpia h_a é muito menor que as entalpias h_1 e h_2, pois nestas está incluído o calor latente da formação do vapor. Da equação 10.12 resulta:

$$m_V h_a \ll m_1 h_1 \quad e \quad m_1 \sim m_2$$

Logo:

$$m_1 h_1 = m_2 h_2$$

$$\boxed{h_1 = h_2} \qquad (10.13)$$

10.7 Temperatura de Bulbo Úmido

Se instalarmos dois termômetros diante de um fluxo de ar, estando um deles com o bulbo envolvido por um pedaço de algodão úmido, verificaremos que as temperaturas obtidas são diferentes.

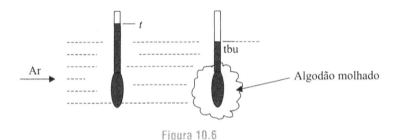

Figura 10.6

O termômetro que tem o bulbo úmido deverá registrar a temperatura de bulbo úmido (tbu), que é menor. Isso acontece porque o ar ao passar por ele retira a umidade do algodão, até se saturar. A capacidade de absorção de água é inversamente proporcional à sua umidade relativa. Quanto mais seco for o ar, maior será a quantidade de água absorvida por ele e menor será a temperatura de bulbo úmido. Essa temperatura é importante na determinação da umidade relativa do ar, porque

$$\phi = f(t)$$

O processo de saturação do ar, neste caso, é semelhante ao de saturação adiabática, o que nos permite chegar à seguinte conclusão:

A ENTALPIA DO AR É A MESMA, ANTES E DEPOIS DO TERMÔMETRO DE BULBO ÚMIDO.

10.8 Diagrama Psicrométrico

As equações 10.7 e 10.10 relacionam as grandezas aqui estudadas e podem ser representadas graficamente. Vejamos as principais equações:

$$\phi = \frac{p_V}{p_S} \qquad (10.7)$$

$$w = 0{,}622 \, \frac{p_V}{p - p_V} \qquad (10.10)$$

Da equação 10.10 podemos deduzir que, para uma determinada pressão total p, a umidade absoluta depende exclusivamente da pressão parcial de vapor. Elevando-se esta, eleva-se também a umidade absoluta do ar.

Da equação 10.7, $\phi = p_V/p_S$ sabemos que $p_s = f(t)$, portanto

$$\phi = \frac{p_V}{f(t)}$$

A umidade relativa depende da pressão parcial de vapor e da temperatura do ar. O diagrama psicrométrico representa os valores de ϕ em função da pressão parcial e da temperatura.

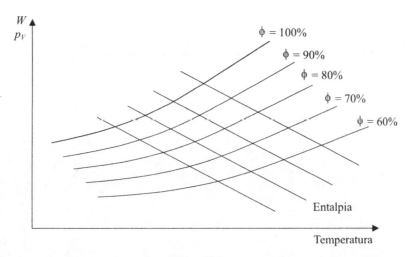

Figura 10.7

Como a pressão parcial e a umidade relativa são propriedades dependentes, para a mesma pressão total elas aparecem no mesmo eixo. O diagrama psicrométrico é feito para um determinado valor da pressão atmosférica.

Cada localidade deve ter o seu diagrama psicrométrico devido às diferenças de pressão atmosférica existentes.

O diagrama da Figura 10.7 representa também as linhas de mesma entalpia.

210 Termodinâmica

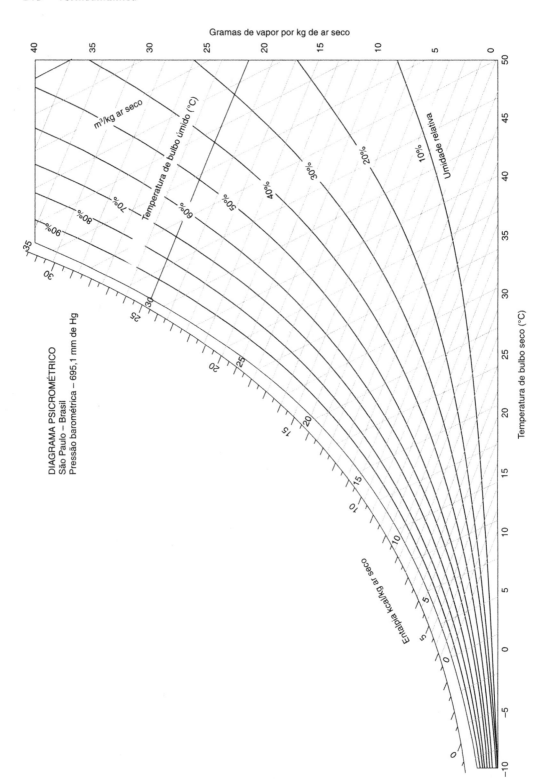

10.8.1 Temperatura de Orvalho

O estado do ar fica determinado quando duas propriedades psicrométricas independentes são conhecidas. Suponhamos que seja conhecido o ponto A, definido pela temperatura t_A e pela umidade relativa ϕ_A. Pelo ponto A passa uma linha que define a sua pressão parcial.

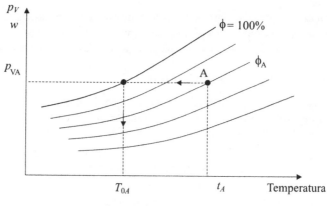

Figura 10.8

Observemos na Figura 10.8 que o ponto de orvalho foi encontrado reduzindo-se a temperatura a partir do ponto A até a saturação do vapor através de uma linha de pressão parcial constante. No diagrama psicrométrico da Figura 10.8, o procedimento corresponde ao da Figura 10.2 e consiste em caminhar por uma linha horizontal (p_{vA} = cte) até chegar à linha de saturação ($\phi = 1$). Nesse ponto, a escala de temperatura indica o ponto de orvalho t_{0A} do ar que se encontra no estado A.

Exemplo 10.8

Calcular o ponto de orvalho do ar atmosférico da cidade de São Paulo, cujo estado é definido pela temperatura $t_A = 35°C$ e umidade relativa $\phi_A = 50\%$.

Solução:
O diagrama da p. 210 foi elaborado para a cidade de São Paulo, onde a pressão barométrica é 695,1 mm de Hg.
Do diagrama psicrométrico a partir de $t_A = 35°C$ e $\phi_A = 50\%$, obtém-se

$$t_{0A} = 23,2°C$$

Exemplo 10.9

Verificar a temperatura obtida no Exemplo 10.8 calculando-a pelo processo analítico.

Solução:
A temperatura de orvalho depende da pressão parcial do vapor e esta, da umidade relativa.

$$\phi_A = \frac{p_{vA}}{p_{sA}}$$

$$p_{sA} = f(t_A) = 0,05733 \text{ kgf/cm}^2$$

$$p_{vA} = \phi_A \cdot p_{sA} = 0{,}50 \times 0{,}05733$$

$$p_{vA} = 0{,}02866 \text{ kgf}/\text{cm}^2$$

Com essa pressão as tabelas de vapor fornecem a temperatura de orvalho.

$$t_{0A} = 23{,}2°C$$

Observação: A pressão barométrica não influi na temperatura de orvalho, porque esta depende somente da pressão parcial de vapor.

10.8.2 Temperatura de Bulbo Úmido

A observação feita no fim do item 10.7 é fundamental para a determinação da temperatura de bulbo úmido. Lembremos que "a entalpia do ar é a mesma antes e depois do termômetro de bulbo úmido".

No ponto A, definido por ϕ_A e t_A, passa uma linha de entalpia constante h_A. O ponto A representa o estado do ar antes de passar pelo termômetro de bulbo úmido. Sabemos também que, depois disso, o ar está saturado e tem a mesma entalpia. A Figura 10.9 indica o processo para determinar a temperatura de bulbo úmido correspondente ao ar do estado A.

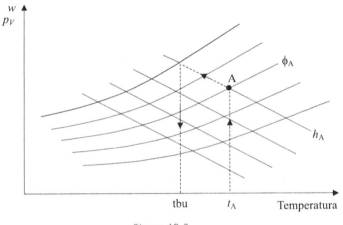

Figura 10.9

Basta seguir a linha h_A = cte até atingir a saturação do ar (ϕ =1). A escala de temperatura indica a temperatura de bulbo úmido.

Exemplo 10.10

Calcular a temperatura de bulbo úmido do ar atmosférico da cidade de São Paulo, definido pela temperatura $t_A = 35°C$ e umidade relativa $\phi_A = 50\%$.

Solução:
Do diagrama da p. 210, a partir de $t_A = 35°C$ e $\phi_A = 50\%$, obtém-se:

$$\text{tbu}_A = 26°C$$

10.8.3 Determinação da Umidade Relativa do Ar

A determinação da umidade relativa do ar por meio de um diagrama psicrométrico é feita com dois termômetros, um dos quais é de bulbo úmido.

Suponhamos que sejam conhecidas t_A e tbu_A. Essas duas temperaturas marcadas no diagrama psicrométrico permitem encontrar a umidade relativa do ar, seguindo-se o procedimento inverso ao do item 10.8.2, conforme indica a Figura 10.10.

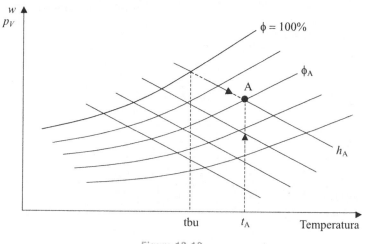

Figura 10.10

Exemplo 10.11

Calcular a umidade relativa do ar atmosférico da cidade de São Paulo. Os termômetros indicam respectivamente tbu = 20°C e t = 30°C.

Solução:
A partir de t = 30°C e tbu = 20°C, do diagrama psicrométrico podemos obter:

$$\phi = 42\%$$

10.8.4 Umidade Absoluta

No diagrama psicrométrico a leitura da umidade absoluta é imediata, bastando para isso que sejam conhecidas duas propriedades psicrométricas independentes. A partir do ponto A, definido pela temperatura t_A e pela umidade relativa ϕ_A, a escala representada no eixo das ordenadas indica a umidade absoluta do ar.

Exemplo 10.12

Calcular a umidade absoluta do ar atmosférico da cidade de São Paulo, sendo a sua temperatura t_A = 70%.

Solução:
A partir de t_A = 25°C e ϕ_A = 70% definimos no diagrama psicrométrico o ponto A, e a escala localizada no eixo das ordenadas fornece o valor

214 Termodinâmica

$$w_A = 15,3 \; \frac{\text{gramas de vapor}}{\text{kg de ar seco}}$$

Exemplo 10.13

Resolver o exercício do exemplo 10.12 pelo método analítico.

$$\phi_A = 70\% \qquad\qquad p_{atm} = 695,1 \text{ mm de Hg}$$

$$t_A = 25°C$$

Solução:

$$w = 0,622 \; \frac{p_V}{p - p_V} \qquad\qquad (10.10)$$

$$p = \gamma_{Hg} \cdot h_{Hg}$$
$$\gamma_{Hg} = 13\,600 \text{ kgf}/\text{m}^3$$
$$h_{Hg} = 0,6951 \text{ m de Hg}$$

Cálculo de p_V

$$\phi = \frac{p_V}{p_S} \qquad \therefore \qquad p_V = \phi \times p_S$$

$$p_S = f(t) = 0,03229 \; \frac{\text{kgf}}{\text{cm}^2} = 322,9 \; \frac{\text{kgf}}{\text{m}^2}$$

$$p_V = 0,7 \times 322,9 = 226 \text{ kgf}/\text{m}^2$$

Resulta:

$$w = 0,622 \times \frac{226}{9\,450 - 226} = 0,0152$$

$$w = 0,0152 \; \frac{\text{kg de vapor}}{\text{kg de ar seco}}$$

10.9. Exercícios Resolvidos

10.9.1 Uma sala de 300 m^3 contém ar atmosférico à temperatura de 25°C e umidade relativa de 80%. Sendo a pressão barométrica local igual a 680 mm de Hg, calcular:
a) a massa de vapor contida no ar;
b) a mínima temperatura que comporta todo esse vapor.

Dados:

$$R_{AR} = 29,6 \text{ kgm}/\text{kg}$$

$$R_V = 47,4 \text{ kgm}/\text{kg}$$

Solução:

a) Se calcularmos a umidade absoluta do ar, poderemos obter a massa de vapor por meio do produto.

$$m_V = m_a \times w,$$

onde m_a é a massa de ar seco.

Cálculo de w

$$w = 0,622 \ \frac{p_V}{p - p_V}$$

$$p = \gamma_{Hg} \times h_{Hg} = 13\ 600 \times 0,680$$

$$p = 9\ 230 \ \text{kgf}/\text{m}^2$$

$$\phi = \frac{p_V}{p_S} \qquad \therefore \qquad p_V = \phi \times p_S$$

$$p_S = f\ (t) = 322,9 \ \text{kgf}/\text{m}^2$$

$$p_S = 0,80 \times 322,9 = 258,2 \ \text{kgf}/\text{m}^2$$

$$w = 0,622 \times \frac{258,2}{9\ 230 - 258,2} = 0,0179$$

$$w = 0,0179 \ \text{kg de vapor}/\text{kg de ar seco}$$

Cálculo da massa de ar seco

$$p_a V = m_a R_a T$$

$$p_a = p - p_V = 9\ 230 - 258,2 = 8\ 971,8 \ \text{kgf}/\text{m}^2$$

$$m_a = \frac{p_a V}{R_a T} = \frac{8\ 971,8 \times 300}{29,6 \times 298}$$

$$m_a = 304 \ \text{kg}$$

$$m_V = w \times m_a = 0,0179 \times 304$$

$$m_V = 5,5 \ \text{kg}$$

Observação: A massa de vapor poderia ser calculada também pela equação de estado.

$$p_V V = m_V R_V T \qquad \therefore \qquad m_V = \frac{p_V V}{R_V T}$$

$$m_V = \frac{258,2 \times 300}{47,4 \times 298} = 5,5 \ \text{kg}$$

b) Reduzindo-se a temperatura do ar sem alterar a massa de vapor, isto é, sem alterar a umidade absoluta e a pressão parcial, pede-se para chegar até a saturação do ar.

$$\phi = 1 \quad \therefore \quad p_V = p_S = f(t_0)$$

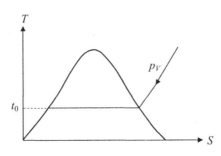

Figura 10.11

$$p_S = f(t)$$
$$p_V = 0{,}2582 \text{ kgf/cm}^2$$
$$p_S = 0{,}02582 \text{ kgf/cm}^2$$

Da tabela de vapor tiramos

$$t = 21{,}2°C$$

Observação: A temperatura encontrada acima é o ponto de orvalho do ar da sala.

10.9.2 Em uma noite de inverno, em um ambiente de 75 m³ encontra-se a temperatura de 10°C com umidade relativa $\phi = 70\%$. Para tornar o ambiente mais agradável instalou-se um aquecedor elétrico que elevou a temperatura para 25°. Nessas condições, calcular a umidade relativa do ar.

Solução:
A massa de vapor no ar permaneceu constante porque o único efeito do aquecedor foi elevar a temperatura do ar atmosférico.

Portanto,

$$w_B = w_A$$
$$p_{vB} = p_{vA}$$

Cálculo de p_{vA}

$$\phi_A = \frac{p_{vA}}{p_{sA}} \qquad p_{sA} = f(t_A)$$

$$p_{sA} = 0{,}01251 \text{ kgf/cm}^2$$
$$p_{vA} = \phi \times p_{sA} = 0{,}70 \times 0{,}01251$$
$$p_{vA} = 0{,}00876 \text{ kgf/cm}^2$$

Estado B

$$t_B = 25^{\circ}C$$

$$p_{vB} = 0,00876 \text{ kgf}/\text{cm}^2$$

$$\phi_B = \frac{p_{vB}}{p_{sB}}$$

$$p_{SB} = f(t_B) = 0,03229 \text{ kgf}/\text{cm}^2$$

$$\phi_B = \frac{0,00876}{0,03229} = 0,271$$

$$\phi_B = 27,1\%$$

Observação: No estado B o ar está muito abaixo da sua capacidade total de umidade. Esse ar muito seco retira umidade do corpo humano provocando uma sensação de mal-estar.

A parte do corpo humano mais afetada é a garganta, que logo fica seca e irritada. Para contornar esse problema, deve-se colocar uma vasilha com água bem perto do aquecedor. Essa água fornece o vapor que mantém a umidade do ar elevada.

10.9.3 Calcular a quantidade de água que deve ser adicionada ao ar de um ambiente de 75 m³, inicialmente à temperatura de 10°C e umidade relativa de 70%, que sofre um aquecimento até 25°C. No estado final deseja-se que a umidade relativa seja a mesma que no início. A pressão barométrica é de 700 mm de Hg.

Solução:

$$m_a = m_{vB} - m_{vA}$$

Cálculo das massas de vapor
Estado A

$$m_{vA} = w_A \times m_a$$

$$m_a = \text{massa de ar seco}$$

$$w_a = 0,622 \, \frac{p_{VA}}{p - p_{VA}}$$

$$p_{vA} = \phi_A \times p_{sA} = 0,70 \times 0,01251$$

$$p_{vA} = 87,6 \text{ kgf}/\text{m}^2$$

$$p = \gamma_{Hg} \times h_{Hg} = 13\,600 \times 0,700$$

$$p = 9\,520 \text{ kgf}/\text{m}^2$$

$$w_A = 0,622 \times \frac{87,6}{9\,520 - 87,6} = 0,00578$$

$$w_A = 0,00578 \text{ kg de vapor}/\text{kg de ar seco.}$$

218 Termodinâmica

A massa de ar seco pode ser calculada por meio da equação de estado.

$$p_a V = m_a R_a T \text{ (Estado A)}$$

$$m_a = \frac{p_a V}{R_a T} = \frac{(9\,520 - 87,6) \times 75}{29,6 \times 283}$$

$$m_a = 84,6 \text{ kg de ar seco}$$

Resulta para m_{vA}

$$m_{vA} = w_A \times m_a = 0,00578 \times 84,6$$

$$m_{vA} = 0,49 \text{ kg de vapor}$$

Estado B

$$m_{vB} = w_B \times m_a$$

$$m_a = 84,6 \text{ kg}$$

$$w_B = 0,622 \, \frac{p_{VB}}{p - p_{VB}}$$

$$p_{vB} = \phi_B \times p_{sB}$$

$$p_{sB} = f(t_B) = 0,03229 \, \frac{\text{kgf}}{\text{cm}^2} = 322,9 \text{ kgf} / \text{m}^2$$

$$p_{vB} = 0,70 \times 322,9 = 226 \text{ kgf} / \text{m}^2$$

$$w_B = 0,622 \times \frac{226}{9520 - 226} = 0,0152$$

$$w_B = 0,0152 \, \frac{\text{kg de vapor}}{\text{kg de ar seco}}$$

$$m_{vB} = w_B \times m_a = 0,0152 \times 84,6$$

$$m_{vB} = 1,28 \text{ kg}$$

Resulta:

$$m_a = m_{vB} - m_{vA} = 1,28 - 0,49$$

$m_a = 0,79$ kg de água

10.9.4 Deseja-se obter ar atmosférico a uma temperatura de 15°C e umidade relativa de 75%. Instala-se um aparelho de ar condicionado, constituído por um resfriador e um aquecedor. A finalidade do resfriador é retirar a umidade do ar por meio da condensação do seu vapor. Sendo a temperatura na saída do resfriador inferior à temperatura desejada, instalou-se um aquecedor para elevar a temperatura até 15°C.

Conhecidas a temperatura do ar que entra no aparelho ($t = 30°C$), a umidade desse mesmo ar ($\phi = 80\%$) e a pressão atmosférica (700 mm de Hg), pede-se para:

a) representar a transformação do ar no diagrama psicrométrico;

b) calcular a temperatura do ar na saída do resfriador;

c) calcular a massa de água retirada do ar, admitindo-se que entra no aparelho um fluxo de ar atmosférico de 1 000 kg / h.

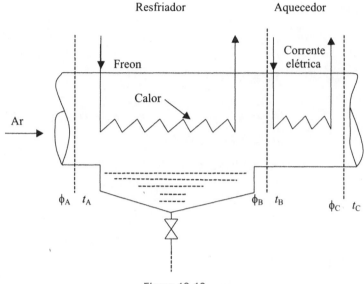

Figura 10.12

Solução:

a) Representação gráfica

Do estado A ao estado B, o ar sofre um resfriamento e o seu vapor se condensa. O resfriamento é feito em duas etapas:

1. inicialmente a pressão parcial do vapor não se altera;
2. atingindo-se o ponto de orvalho, a umidade absoluta começa a diminuir devido à condensação.

Do estado B ao estado C, não havendo alteração na quantidade de vapor de ar, a pressão parcial e a umidade absoluta permanecem inalteradas.

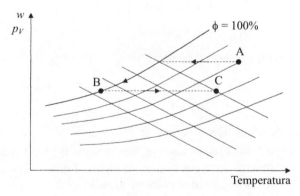

Figura 10.13

b) Temperatura t_B

Pelo diagrama psicrométrico, basta localizar o ponto B para obter a sua temperatura.

Façamos o cálculo analítico.

220 Termodinâmica

Estado C

$$\phi = 75\%$$

$$w_C = 0,622 \frac{p_{VC}}{p - p_{VC}}$$

$$p_{vC} = \phi_C \times p_{sC} \qquad\qquad p_{sC} = f(t) = 0,01737$$

$$p_{vC} = 0,75 \times 173,7$$

$$p_{vC} = 130 \text{ kgf}/\text{m}^2$$

$$w_C = 0,622 \times \frac{130}{9\,520 - 130}$$

$$w_C = 0,00863 \text{ kg de vapor}/\text{kg de ar seco}$$

Estado B

$$w_C = w_B = 0,00863 \text{ kg de vapor}/\text{kg de ar seco}$$

$$w_B = 0,622 \frac{p_{VB}}{p - p_{VB}}$$

$$w_B \times (p - p_{vB}) = 0,622 \, p_{vB}$$

$$w_B \times p = 0,622 \, p_{vB} + w_B \times p_{vB}$$

$$p_{vB} = \frac{w_B \cdot p}{0,622 \cdot w_B}$$

$$p_{vB} = \frac{0,00863 \cdot 9520}{0,622 \cdot 0,00863}$$

$$p_{vB} = 130,5 \text{ kgf}/\text{m}^2$$

No ponto *B* o ar está saturado:

$$\phi_B = 1 \qquad \therefore \qquad p_{vB} = p_{sB}$$

$$t_B = 10,6^{\circ}\text{C}$$

c) Massa de vapor que se condensa

Durante a condensação, cada quilograma de ar seco perde a massa $(w_A - w_B)$ de vapor. A massa de vapor que se condensa é igual ao produto de $(w_A - w_B)$ pela massa total de ar seco que entra no aparelho.

$$\Delta \, m_V = m_a(w_A - w_B)$$

Cálculo da massa de ar seco

Estado A

$$m = m_a + m_V$$

$$w = \frac{m_V}{m_a} \qquad \therefore \qquad m_V = w \times m_a$$

Resulta:

$$m = m_a + w \cdot m_a$$

$$m = m_a(1 + w)$$

$$m_a = \frac{m}{1 + w}$$

$$m = 1\,000 \text{ kg}$$

$$w = w_A = 0,622 \frac{p_{VA}}{p - p_{VA}}$$

$$p_{vA} = \phi \times p_{sA}$$

$$p_{vA} = f(t_A) = 0,04325 \text{ kgf} / \text{cm}^2$$

$$p_{vA} = 0,80 \times 423,5 = 339 \text{ kgf} / \text{m}^2$$

$$w_A = 0,622 \times \frac{339}{9\,520 - 339} = 0,02295$$

$$w_A = 0,0229 \text{ kg de vapor} / \text{kg de ar seco}$$

$$m_a = \frac{1\,000}{1 + 0,00229} = 977 \text{ kg} / \text{h}$$

$m_a = 977$ kg de ar seco

$$\Delta m_V = m_a(w_A - w_B)$$

$$\Delta m_V = 977 \times (0,0229 - 0,0086)$$

$\Delta m_V = 139,5$ kg

10.9.5 Um processo industrial necessita de 5 000 kg/h de ar saturado. A saturação é feita por meio de um conjunto de chuveiros por onde passa o ar. Determinar a temperatura do ar saturado, sabendo que o ar atmosférico local tem a temperatura média de 20°C e umidade relativa de 75%. Utilizar o diagrama psicrométrico da cidade de São Paulo. Calcular a massa de água absorvida por hora pelo ar.

Solução:

a) O processo de saturação é adiabático. Portanto, basta acompanhar a linha de entalpia constante que passa pelo estado inicial de ar.
Do diagrama psicrométrico tiramos:

$$t_{sA} = 17°C$$

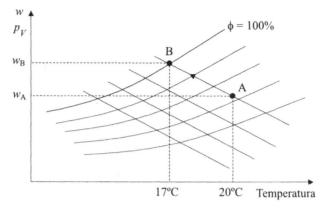

Figura 10.14

b) Massa de água absorvida pelo ar

$$\Delta M_V = M_a(w_B - w_A)$$

Do mesmo diagrama tiramos:

$$w_A = 0{,}12 \text{ kg de vapor/kg de ar seco}$$

$$w_B = \text{kg de vapor/kg de ar seco}$$

$$M = M_a + M_V$$

$$w_B = \frac{M_V}{M_a}$$

Portanto,

$$M = M_a + w_B M_a$$

$$M_a = \frac{M}{1 + w_B}$$

$$M_a = \frac{5\,000}{1 + 0{,}0135} = 4\,930 \text{ kg/h}$$

$$M_a = 4\,930 \text{ kg de ar seco/h}$$

Resulta:

$$\Delta M_V = 4\,930(0{,}0135 - 0{,}0120)$$

$$\Delta M_V = 7{,}4 \text{ kg/h}$$

10.9.6 Um aparelho resfriador de ar contém uma serpentina dentro da qual passa freon-12 em fase de vaporização que retira calor do ar que passa por fora da serpentina. Calcular o fluxo de calor que passa do ar para o freon-12, quando o resfriador está trabalhando com a capacidade de 500 kg de ar/h, na seção de entrada.

Dados:

$t_A = 30°C$ $\phi_A = 90\%$

$t_B = 5°C$ $\phi_B = 100\%$

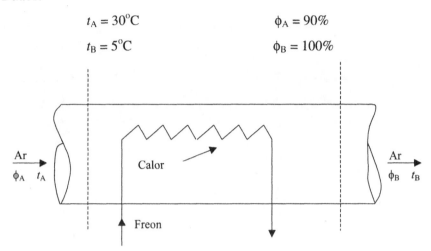

Figura 10.15

Solução:

Do diagrama psicrométrico obtemos:

$h_A = 23$ kcal/kg de ar seco

$w_A = 27$ gramas de água/kg de ar seco

$h_B = 4,8$ kcal/kg de ar seco

O calor pode ser calculado por meio da diferença de entalpia:

$$Q = M_a(h_A - h_B)$$

Cálculo de M_a

$$M = M_a + w_A M_a$$

$$M_a = \frac{M}{1 + w_A}$$

$M_a = 487$ kg de ar seco/hora

Resulta:

$$Q = 487(23 - 4,8) = 8\ 860 \text{ kcal/h}$$

$Q = 8\ 860$ kcal/hora

10.9.7 Um conduto transporta ar que sai de um sistema de refrigeração à temperatura $t_A = 7°C$ e umidade relativa $\phi_A = 100\%$. Esse ar é misturado ao ar atmosférico, que se encontra à temperatura $t_B = 25°C$ e tem umidade relativa $\phi_B = 70\%$. Calcular o estado final da mistura.

Dados:

$M_A = 200$ kg/h $p = 698,1$ mm de Hg $M_B = 40$ kg/h

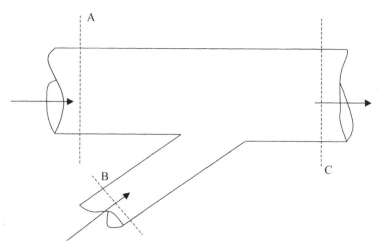

Figura 10.16

Solução:

Apliquemos a equação da termodinâmica para o sistema aberto limitado pelas secções A, B e C.

$$M_{aA} h_A + M_{aB} h_B = (M_{aA} + M_{aB})h_C,$$

onde:

M_{aA} e M_{aB} representam respectivamente as massas de ar seco que passam por hora pelas secções A e B.

Do diagrama psicrométrico da cidade de São Paulo tiramos:

$$h_A = 5,8 \text{ kcal/kg de ar seco}$$

$$h_B = 14,8 \text{ kcal/kg de ar seco}$$

$$w_A = 6,7 \text{ gramas de vapor/kg de ar seco}$$

$$w_B = 15,4 \text{ gramas de vapor/kg de ar seco}$$

Cálculo de M_{aA} *e* M_{aB}

$$M_A = M_{aA} + w_A \times M_{aA}$$

$$M_B = M_{aB} + w_B \times M_{aB}$$

$$M_{aA} = \frac{M_A}{1+w_A} = \frac{200}{1,0067} = 198,8$$

$$M_{aB} = \frac{M_B}{1+w_B} = \frac{40}{1,0154} = 39,4$$

$$M_{aA} = 198,8 \text{ kg de ar seco/hora}$$

$$M_{aB} = 39,4 \text{ kg de ar seco/hora}$$

Resulta:

$$h_C = \frac{M_{aA}h_A + M_{aB}h_B}{M_{aA} + M_{aB}}$$

$$h_C = \frac{198,8 \times 5,8 + 39,4 \times 14,8}{198,8 + 39,4}$$

$h_C = 7,28$ kcal / kg de ar seco

O estado C é definido por duas propriedades psicrométricas independentes, isto é, por duas linhas que se cruzam no diagrama. Já temos a entalpia do estado C. Calculemos a umidade absoluta w_C.

Cálculo de w_C:

$$w_C = \frac{M_{VC}}{M_{aA} + M_{aB}}$$

$$M_{VC} = M_{vA} + M_{vB}$$

$$M_{VC} = (200 - 198,8) + (40 - 39,4) = 1,8 \text{ kg de vapor / h}$$

$$M_{VC} = 1,8 \text{ kg de vapor / hora}$$

$$w_C = \frac{1,8}{198,8 + 39,4} = 0,00755$$

$w_C = 7,55$ gramas de vapor / kg de ar seco

Estado C:

$$h_C = 7,28 \text{ kcal / kg de ar seco}$$

$$w_C = 7,55 \text{ gramas de vapor / kg de ar seco}$$

Com os valores de h_C e w_C podemos tirar do diagrama psicrométrico t_C e ϕ_C.

$$t_C = 11,7°C$$

$$\phi_C = 80\%$$

Observação: Se durante a mistura de duas massas de ar não houver a condensação de vapor, a temperatura final poderá ser baseada na troca de calor entre as respectivas massas.

Calor recebido pela massa M_A:

$$M_{aA} \, Cp_a(t_C - t_A) + M_{VA} \, Cp \, (t_C - t_A)$$

Calor cedido pela massa M_B:

$$M_{aB} \, Cp_a(t_B - t_C) + M_{VB} \, Cp_V \, (t_B - t_C)$$

Igualando as duas equações acima podemos obter o valor de t_C.

226 Termodinâmica

$$t_C = \frac{M_{aA}Cpt_A + M_{vA}Cp_Vt_A + M_{aB}Cp_at_B + M_{vB}Cp_Vt_B}{M_{aA}Cp + M_{vA}Cp_V + M_{aB}Cp_a + M_{vB}Cp_V}$$

$$t_C = \frac{198,8\times0,24\times7 + 1,2\times0,45\times7 + 39,4\times0,24\times25 + 0,6\times0,45\times25}{198,8\times0,24 + 1,2\times0,45 + 39,4\times0,24 + 0,6\times0,45}$$

$$t_C = 10,5°C$$

A diferença entre esse resultado e a temperatura $t_C = 11,7°C$ encontrada por meio do outro método deve-se ao calor específico do ar e ao calor específico do vapor. Adotamos valores fixos, que na realidade variam com a temperatura e com a pressão.

10.10 Exercícios Propostos

10.10.1 Uma mistura de 5 kg de ar seco e vapor de água contém 100 gramas de vapor à temperatura de 30°C e ocupa um volume total de 5 m³:

Calcular:
a) a umidade absoluta do ar;
b) a umidade relativa do ar.
   $R_V = 47,4$ kgm / kg.K

Resposta: a) $20,4 \dfrac{\text{gramas de vapor}}{\text{kg de ar seco}}$

b) 63,5%

10.10.2 O ar do problema anterior é aquecido até 80°C, com o volume mantido constante. Nessa nova situação, calcular a umidade absoluta e a umidade relativa.

Resposta: a) $20,4 \dfrac{\text{gramas de vapor}}{\text{kg de ar seco}}$

b) 6,8%

10.10.3 Uma mistura de ar seco e vapor de água, tendo uma umidade relativa de 50% e temperatura de 45°C, passa por um sistema de resfriamento até sua temperatura chegar a 5°C. Calcular, por meio do método analítico e do diagrama psicrométrico, a quantidade de água retirada do ar por quilograma de ar seco.

$$P = 9\ 450 \text{ kgf} / \text{cm}^2$$

Resposta:

$$28,7 \frac{\text{gramas de vapor}}{\text{kg de ar seco}}$$

10.10.4 O ar atmosférico que percorre a superfície de um grande lago tem o seu estado definido pela temperatura $t_1 = 25°C$ e pela umidade relativa $\phi_1 = 80\%$. Quando o ar chega à margem oposta sabe-se que o ar se encontra no estado saturado. Calcular, nessa situação final, a sua temperatura, indicando em um diagrama psicrométrico o processo de transformação do ar.

Resposta: 22,5°C

Psicrometria 227

10.10.5 Um sistema de ar condicionado destina-se a transformar 50 kg/h de ar cujo estado é definido pela temperatura $t_1 = 40^\circ C$ e umidade relativa $\phi_1 = 40\%$ em ar cujo estado é definido por $t_2 = 10^\circ C$ e $\phi_2 = 80\%$. Calcular a quantidade total de calor que deve ser retirado desse ar.

Resposta: 660 kcal/hora

10.10.6 Uma sala de 300 m^3 contém ar à temperatura de $20^\circ C$ e pressão de 10 330 kgf/m^2. Nessa situação a sua umidade relativa é de 60%. Pelo processo analítico calcular:
a) a massa de ar úmido da sala;
b) a umidade absoluta do ar;
c) a massa de ar seco.

Adotar para o ar úmido a constante $R = 29,3$ kgm/kg.K

Resposta: a) 362 kg de ar úmido

b) 9,16 $\dfrac{\text{gramas de vapor}}{\text{kg de ar seco}}$

c) 359 kg de ar seco

10.10.7 Mistura-se 1 kg de ar com umidade relativa $\phi_1 = 50\%$ e temperatura $t_1 = 40^\circ C$ com 2 kg de ar com umidade relativa $\phi_2 = 30\%$ e temperatura $t_2 = 20^\circ C$. Calcular:
a) a umidade absoluta de cada componente;
b) a umidade absoluta da mistura resultante;
c) a temperatura da mistura, sabendo-se que não há mudança de fase.

Resposta: a) 25,8 $\dfrac{\text{gramas de vapor}}{\text{kg de ar seco}}$

4,8 $\dfrac{\text{gramas de vapor}}{\text{kg de ar seco}}$

b) 11,9 $\dfrac{\text{gramas de vapor}}{\text{kg de ar seco}}$

c) $26,6^\circ C$

10.10.8 Um termômetro de bulbo seco e um de bulbo úmido fornecem as seguintes leituras:

$$t = 35^\circ C \qquad\qquad t_{bu} = 15^\circ C$$

Sabe-se que o ar atmosférico é o de São Paulo. Calcular:
a) as umidades relativa e absoluta do ar;
b) a temperatura de orvalho;
c) a entalpia do ar.

Resposta: a) 10%

3,5 $\dfrac{\text{gramas de vapor}}{\text{kg de ar seco}}$

b) $-2^\circ C$

c) 10,5 kcal/kg de ar seco

Nomenclatura

Símbolo	Quantidade	Unidade
A	Área; A_e, área do êmbolo; A_p, área do pistão	m
c	Calor específico; c_p, calor específico a pressão constante; c_v, calor específico a volume constante	kcal/kg°C
C	Calor latente	kcal/°C
e	Energia específica; e_e, energia específica na entrada; e_s, energia específica na saída	kcal/kg
E	Energia; E_e, energia na entrada; E_s, energia na saída	kcal ou kgf.m
F	Força	kgf
g	Aceleração da gravidade	m/s^2
G	Peso	kgf
h	Entalpia específica; h_L, entalpia do líquido; h_v, entalpia do vapor; h_o, entalpia da água a 0°C e 1 atm; h_x, entalpia da mistura; h_a, entalpia de 1 kg de ar seco	kcal/kg
H	Entalpia do sistema	kcal
k	Constante adiabática	—
m	Massa; m_L, massa de líquido; m_v, massa de vapor; m_e, massa que entra; m_s, massa que sai ou máxima quantidade de vapor que o ar suporta a uma determinada temperatura	kg
$\dot{m}$	Vazão mássica	kg/h
M	Peso molecular; M_a, peso molecular do ar; M_v, peso molecular do vapor	kg/kmol
n	Número de moles	—
p	Pressão; p_e, pressão na entrada; p_s, pressão na saída; p_C, pressão do ponto crítico; p_a, pressão parcial do ar seco, p_v, pressão parcial do vapor; p_s, pressão de saturação	kgf/cm^2
p_r	Pressão reduzida	—
pci	Poder calorífico inferior	kcal/kg
Q	Calor; Q_e, calor que entra; Q_s, calor que sai; Q_p, calor a pressão constante; Q_v, calor a volume constante; Q_C, calor da caldeira; Q_{CD}, calor da caldeira; Q_{FF}, calor da fonte fria; Q_{FQ}, calor da fonte quente; Q_{EV}, calor do evaporador	kcal
$\dot{Q}$	Fluxo de calor	kcal/h
R	Constante do gás; R_a, constante do ar; R_v, constante do vapor; R_m, constante de mistura de gases	kcal/kg.K ou kgf.m/kg.K
$\bar{R}$	Constante universal dos gases	kcal/kmol.K
s	Entropia específica; s_L, entropia do líquido; s_v, entropia do vapor; s_x, entropia da mistura	kcal/kg.°C
S	Entropia do sistema	kcal/°C
t	Temperatura; t_e, temperatura na entrada; t_s, temperatura na saída; t_v, temperatura de vaporização; t_C, temperatura do ponto crítico; t_{sa}, temperatura de saturação adiabática; t_o, temperatura do ponto de orvalho	°C
tbu	Temperatura de bulbo úmido	°C
T	Temperatura absoluta	K
u	Energia interna específica; u_i, energia interna específica inicial; u_f, energia interna específica final	kcal/kg
U	Energia interna do sistema; U_i, energia interna inicial do sistema; U_f, energia interna final do sistema	kcal
v	Volume específico; v_L, volume específico do líquido; v_v, volume específico do vapor; v_e, volume específico na entrada; v_s, volume específico na saída; v_x, volume específico da mistura	m^3/kg
v_r	Volume específico reduzido	—
v^*	Volume específico molecular	m^3/mol
V	Volume; V_L, volume de líquido; V_v, volume de vapor	m^3
$\dot{V}$	Vazão volumétrica	m^3/h
$\bar{V}$	Velocidade	m/s
w	Trabalho específico	kgfm/kg
W	Trabalho; W_e, trabalho que entra; W_s, trabalho que sai; W_T, trabalho da turbina; W_B, trabalho da bomba; W_{CP}, trabalho do compressor	kgf.m
$\dot{W}$	Potência	kW, HP, CV
x	Título	%
Z	Altura	m
β	Coeficiente de eficácia	—
γ	Peso específico	kgf/m^3
η	Rendimento; η_c, rendimento da combustão; η_c, rendimento do ciclo de Carnot	%
ρ	Massa específica	kg/m^3
ϕ	Umidade relativa	%
ω	Umidade absoluta	kg de vapor / kg de ar seco